大型秸秆沼气工程温室气体减排计量研究

◎ 高春雨　毕于运　王磊　著

中国农业科学技术出版社

图书在版编目（CIP）数据

大型秸秆沼气工程温室气体减排计量研究／高春雨，毕于运，王磊著．—北京：中国农业科学技术出版社，2017.10

ISBN 978-7-5116-3348-4

Ⅰ.①大…　Ⅱ.①高…②毕…③王…Ⅲ.①秸秆-沼气工程-有害气体-大气扩散-污染防治-计量管理　Ⅳ.①X511

中国版本图书馆 CIP 数据核字（2017）第 267227 号

责任编辑　徐定娜
责任校对　贾海霞

出　版　者　中国农业科学技术出版社
　　　　　　北京市中关村南大街 12 号　邮编：100081
电　　　话　（010）82109707　82105169（编辑室）
　　　　　　（010）82109702（发行部）　（010）82109709（读者服务部）
传　　　真　（010）82109707
网　　　址　http://www.castp.cn
经　销　者　各地新华书店
印　刷　者　北京建宏印刷有限公司
开　　　本　787mm×1 092mm　1/16
印　　　张　5.75
字　　　数　114 千字
版　　　次　2017 年 10 月第 1 版　2017 年 10 月第 1 次印刷
定　　　价　36.00 元

摘　要

　　大型秸秆沼气工程是我国秸秆资源新型能源化利用的重要方式，对促进资源节约型、环境友好型社会建设、缓减气候变化具有重要意义。本研究采取文献调研、定点监测与定量分析相结合的研究方法，分析了我国大型秸秆沼气工程发展现状，依据工程规模、发酵工艺、发酵原料、发酵温度和增保温方式的不同，对秸秆沼气工程进行了系统分类，论述了覆膜槽秸秆厌氧消化等七大工艺的工艺流程和技术特点，指出我国大型秸秆沼气工程面临的资金、管理、政策支持等方面的问题；参考和借鉴自愿减排项目方法学和清洁发展机制（CDM）方法学，构建了适用于大型秸秆沼气工程温室气体减排量计量方法体系；以河北省沧州市青县耿官屯秸秆沼气工程作为典型案例，定量评价了该工程减排能力，以数据为支撑，提出提升大型秸秆沼气工程减排能力的策略。主要研究结论如下。

　　（1）大型秸秆沼气工程温室气体减排计量方法主要包括项目边界、基准线排放量计算、工程排放量计算、泄漏量计算、减排量计算、项目监测六部分内容。基准线排放是指不存在大型秸秆沼气工程的情景下秸秆处理、农村居民生活用能、农田施用化肥生产耗能产生的温室气体排放。工程排放量指的是工程运输活动、电耗、化石燃料消耗以及多余沼气火炬燃烧产生的排放。

　　（2）2014 年耿官屯秸秆沼气集中供气工程基准线 CO_2 排放量为 5 776.15 t；项目排放量为 57.53 t，泄漏量为 136.59 t，减排量为 5 582.03 t，约相当于 2 100 t 标准煤的 CO_2 排放量。项目减排量相当于工程总排放（工程排放量与泄漏量之和）的 28.76 倍。根据《NY/T 2142—2012 秸秆沼气工程工艺设计规范》要求，秸秆沼气工程的设计使用年限不低于 25 年，则耿官屯秸秆沼气集中供气工程至少可实现 CO_2 减排 13.96 万 t。2014 年耿官屯秸秆沼气集中供气工程每消耗 1 t（干重）秸秆可净减排 CO_2 3.56 t，每利用 1 m^3 沼气可净减排 11.50 kg。

　　（3）提出了提升大型秸秆沼气工程温室气体减排能力的策略。在耿官屯秸秆沼气工程总排放方面，温室气体排放贡献排序依次是：泄漏量>工程运行电耗排放>工程运

1

行燃煤能耗排放>工程运输活动排放。泄漏量占到了工程总排放的 70.36%，工程运行电耗排放占 22.41%，燃煤能耗排放占 4.71%，运输活动能耗（燃油）排放占 2.52%。提升工程减排能力，在设计方面要优化秸秆沼气工程布局，优先选用耐腐蚀、抗压好、环境适宜性强的材料；在管理方面，加强日常巡检、维护和管理，加强对密封处检查；在降耗方面推广应用太阳能增温、生物质炉加温、沼气增温等清洁能源增温技术以及大棚温室保温技术措施。同时，国家应加大对大型秸秆沼气工程的补贴力度，加强技术研究和推广。

本书系中国农业科学院科技创新工程项目研究成果。

目　　录

第1章 引 言

1.1 研究背景

1988 年，由世界气象组织（WMO）和联合国环境规划署（UNEP）联合成立了政府间气候变化专门委员会（IPCC）。2014 年 11 月 2 日，IPCC 在丹麦哥本哈根发布了IPCC 第五次评估报告，报告更为肯定地指出温室气体排放以及其他人为驱动因子已成为自 20 世纪中期以来气候变暖的主要原因（IPCC，2014）。根据 IPCC 第五次评估报告显示，截至 2011 年，全球大气中 CO_2 当量浓度为 430 mg/L。如果不加大减排力度，到2030 年，CO_2 当量浓度将超过 450 mg/L，到 21 世纪末将超过 750 mg/L，并造成全球地表平均温度比工业化前高 3.7~4.8 ℃，这种升温水平将引发灾难性影响，出现诸如生物多样性降低、冰川面积缩小、海平面上升、土地荒漠化、水土流失加剧、灾害性天气频发等诸多问题。如何减少人为温室气体排放或增加对温室气体的吸收，稳定大气中温室气体浓度，降低气候变暖幅度，有效减缓气候变化，成为众多专家学者关注的重点。中国政府高度关注气候变化问题，努力探索适合中国国情的应对气候变化机制，以全面、迅速、有效地支持国内应对气候变化行动。2015 年 9 月 25 日，中美联合发布《气候变化联合声明》，中方宣布将于 2017 年启动全国碳排放交易体系。中国是农业源温室气体排放最多的国家，农业源温室气体排放占全国总的温室气体排放的17%，已经超过了我国交通的温室气体排放（蔡松锋、黄德林，2011）。据预测，2017年我国将建成较为完善的碳排放交易市场，主要交易项目涵盖 6 个工业部门（电力、钢铁、水泥、化工、有色、石化），鉴于农业源温室气体排放量大，实施农业减排项目对增加农民收入、减少温室气体排放、改善农村生态环境意义重大，农业源的碳减排一定会在未来的市场中占据一席之地。

农业废弃物是农业温室气体重要排放源（潘根兴等，2011）。农作物秸秆是农业废弃物的主要组成部分。我国秸秆总产量居世界首位（毕于运，2010），呈现出分布广、种类多、产量大的特点。秸秆随意丢弃和浪费乃至焚烧现象仍较为突出，不仅浪费了宝贵的自然资源，还造成了环境污染，严重危害人类健康和安全。作为"另一半农业"，秸秆资源化利用得到社会的广泛关注。大型秸秆沼气工程是秸秆能源化利用的重要途径。大型秸秆沼气工程以秸秆作为主要厌氧发酵原料，利用生物发酵技术，在达到农业秸秆废弃物资源化利用、无害化处理目标的同时，生产的沼气可以作为农村生活清洁能源，沼肥可以部分替代化肥，减少化石能源的消耗。大型秸秆沼气工程既有效利用了秸秆资源，又发展了低碳经济，带动农村能源消费结构改革，减少了以 CO_2、CH_4 为主的温室气体排放，具有显著的生态效益。

本研究以大型秸秆沼气工程为基本研究对象，分析了我国大型秸秆沼气工程发展现状、主要模式及存在的主要问题，构建了大型秸秆沼气工程温室气体减排量计量方法，计量了河北省沧州市青县耿官屯秸秆沼气集中供气工程温室气体减排量，最后提出了大型秸秆沼气工程节能降耗发展方向。

1.2　研究目的与意义

（1）构建大型秸秆沼气工程温室气体减排量计量方法。目前，大型秸秆沼气工程温室气体减排量研究尚处于起步阶段，尤其是综合考虑"三沼"利用减排的分析研究更为薄弱。本研究参考清洁发展机制（CDM）方法学与国家发展委员会发布的《国家温室气体自愿减排方法学》，确定大型秸秆沼气工程温室气体减排基准线，综合考虑产前、产中、产后环节的温室气体排放源以及泄漏量，分别估算基准线排放量、项目排放量、泄漏量以及沼渣沼液替代化肥减排量，从而构建起适用于大型秸秆沼气工程温室气体减排量测算方法体系。这是对大型秸秆沼气工程温室气体减排量计量方法的有益探索，同时，可作为大型秸秆沼气工程未来参与碳贸易的方法学尝试提供借鉴帮助。

（2）定量估算典型大型秸秆沼气工程温室气体减排量。以河北省沧州市青县耿官屯秸秆沼气工程作为典型案例，以秸秆收集为起点，以沼气、沼渣、沼液综合利用为终点，系统考虑无大型秸秆沼气工程情况下与沼气工程对应的活动的的排放情况和大型秸秆沼气工程在运行过程中的温室气体排放情景以及由于工程活动引起的泄漏量，分别测算了大型秸秆沼气工程运行能耗排放、运输活动温室气体排放、沼气替代炊事用能、沼肥替代化肥等减排效益，估算了大型秸秆沼气工程的温室气体减排量。

（3）提出大型秸秆沼气工程温室气体减排策略。本研究分析了大型秸秆沼气工程运行电耗、化石燃料消耗、运输活动以及工程泄漏量对大型秸秆沼气工程温室气体排放的贡献，分别从减少泄漏和降低能耗两个方面提出了提升大型秸秆沼气工程减排能力的策略，为充分发掘大型秸秆沼气温室气体减排潜力指明发展路径，指出大型秸秆沼气工程提升温室气体减排能力的重点研究方向。

1.3　国内外研究现状

1.3.1　温室气体减排计量方法综述

科学核算温室气体的减排量为温室气体排放状况的管理和监督提供了数据支撑（郝千婷等，2011）。通过对国内外相关文献的检索和资料学习，目前关于温室气体排放量核算的方法主要有实测法、物料衡算法、政府间气候变化专门委员会（IPCC）清单法、碳足迹计算法、CDM 方法学和国家温室气体自愿减排方法学等。

1.3.1.1 实测法

实测法，也称为监测数据法，主要是通过实际监测的方式对现场的排放源或设备进行相关参数的测量，并利用环保部门认可的数据来进行碳平衡计算（郭悦娇，2011）。气体的流量、浓度和单位换算系数的乘积，计算如公式 1.1 所示：

$$G = Q \cdot K \cdot C \qquad\qquad (公式 1.1)$$

其中：G——气体排放量；Q——介质（空气）流量；K——介质中气体浓度；C——单位换算系数，即 CO_2 当量换算系数。

环境监测站监测的数据是实测法计算所用数据的主要来源，而环境监测站监测的数据基于样品的采集和分析，虽然样本选取需要遵循科学、合理的原则和程序，但由于监测对象所在环境处于动态的变化，以选取的某个时段的样品代表处于连续动态变化的整体，存在样品测试分析准确但整体代表性较差的缺陷（郭悦娇，2011）。为了提高检测的准确性，我国采用了连续监测法，虽然改进后的监测方法提高了监测的精度与准确度，但同时提升了成本，尤其是对二氧化碳进行单独连续监测时成本很高。

1.3.1.2 物料衡算法

物料衡算法是环境统计规定的污染物排放量核算主要方法之一，是对生产过程中使用的物料变化情况进行定量分析的一种方法（李贵林等，2012）。该方法也可应用于温室气体排放量核算。根据物质质量守恒原理，任一生产过程中系统或设备投入的物料质量必然等于该系统或设备产出的物料质量。计算如公式 1.2 所示：

$$\sum G_{投入} = \sum G_{产品} + \sum G_{损失} \qquad\qquad (公式 1.2)$$

其中：$\sum G_{投入}$——投入物料总和；$\sum G_{产品}$——主副产品和回收及综合利用的物质质量总和；$\sum G_{损失}$——排出系统外的废弃物损失量。

物料衡算法综合考虑生产过程中原料、工艺技术、产物、副产品回收、处理装备、排放情况等诸多因素，主要包括总量法或定额法。总量法，从总体把控，通过原材料总量、主副产品和回收产品总量来计算温室气体的排放量。定额法是以调查期原材料消耗定额为基础，先计算单位产品的物料流失量，再求调查期内物料流失总量（于秀玲等，2011）。完备的基础数据是物料衡算法的基本前提，虽然完备的数据有助于降低计算结果的不确定性，有助于掌握原材料转变为产品和损失的情况，但是严苛的基础数据要求，加大了核算的实施难度和工作量，不适用于较为复杂的过程。

1.3.1.3 IPCC 清单法

IPCC 编制的《国家温室气体清单指南》旨在指导政府、企业等以自身为单位计算其在社会和生产活动中各环节直接或者间接的温室气体排放量。目前为各国广泛使用的是《2006 年 IPCC 国家温室气体清单指南》（郑洁，2011）。IPCC 清单法主要参考 IPCC 技术报告和方法指南，具体计算流程如下：确定涉及排放源；将排放源分类，分为直接排放、能源使用间接排放、其他间接排放等（贾悦，2015）；选取排放计算标准；温室气体排放计算；计算结果分析；核查机关核查清单。

但技术水平、地域分布和工艺水平的不同，导致了即使是同一部门在计算碳排放量的时候选取的方法可能存在不同。不同国家不同物质排放因子也存在着差异，直接选取默认值会降低计算结果的准确性。此外，IPCC 清单的编制更倾向于计算一个整体系统的温室气体排放，而整个系统内所有产生温室气体的因素和环节众多，且链接复杂。通过清单估算，难以避免重复计算情况的存在。

1.3.1.4　碳足迹计算法

碳足迹分析是一种评价碳排放影响的全新测度方法（王微等，2010）。Wiedmann & Minx（2008）将碳足迹定义为一方面是某一产品或服务系统在其全生命周期所排放的 CO_2 总量；另一方面是某一活动过程中所直接和间接排放的 CO_2 总量，活动的主体包括个人、组织、政府以及工业部门等。目前研究中的碳足迹方法有两类：一是以生命周期模型为基础的过程分析；二是以"输入—输出"模型为基础投入产出分析。

生命周期评价（Life Cycle Assessment，LCA），又称为"从摇篮到坟墓"分析、"资源和环境状况分析"等（王红彦，2014）。国际标准化组织在国际标准 ISO 14040 中将生命周期评估定义为"对一个产品系统的生命周期中输入、输出以及潜在的环境影响的汇编和评价"。LCA 在国际各个层次与领域的应用较为广泛（彭洁等，2013），主要用于定量分析资源和物质利用状况及废弃物的环境排放，评估某产品生产过程造成的环境负载。生命周期模型下的碳足迹计算过程主要包括：产品制造流程图，系统边界确定，数据收集与整理，碳足迹计算，结果检验。生命周期模型下的碳足迹计算方法的局限在于：①当出现原始数据无法获取的情况，准许采用次级数据，影响结果可信度；②未对原料及产品供应链中非重要环节进行更深入思考；③产品零售阶段的碳排放只能取平均值（施洪涛，2014）。

美国著名经济学家瓦·列昂捷夫（W. Leontief）最早提出"输入—输出"方法，用于研究一个经济系统各部门间的"投入"与"产出"关系，是目前比较成熟的经济分析方法（卓德保、蔡国庆，2014）。应用于环境效益评价下的"输入—输出"模型碳足迹计算具体包括：在投入—产出分析基础上建立矩阵，计算总产出；其次依据研究的需要分别计算各层面碳足迹（闵惜琳、张启人，2013）。"输入—输出"模型碳足迹计算方法的局限在于：①模型建立在货币价值与物质单元间联系基础上，忽略了相同价值量产品在生产过程碳排放情况差别大的现状；②采用平均化方法分部门计算 CO_2 排放量，但实际上即使同一部门内不同的产品排放情况千差万别，容易产生误差；③无法从核算结果获取产品的情况，只能用于评价某部门或产业的碳足迹。

1.3.1.5　CDM方法学与国家温室气体自愿减排方法学

CDM，Clean Development Mechanism 的缩写，中文译为清洁发展机制。根据《京都议定书》第十二条，就发达国家如何与发展中国家合作进行温室气体减排建立了灵活机制，即 CDM 机制。CDM 机制允许发达国家提供资金和技术在发展中国家实施温室气体减排项目，获得由项目产生的"核证的温室气体减排量"（CERs），以履行发达国家在《京都议定书》中所承诺的限排或减排义务。CDM 机制在帮助发达国家以较低减排成本实现减排义务的同时，也为发展中国家输入技术和资金，控制温室气体的排放，是一种双赢机制。

为确保 CDM 能正常有序实施，实现《京都议定书》设立的目标，联合国清洁发展机制执行理事会（Executive Board，EB）建立了一套有效的、透明的、可操作的标准和依据（程传玉，2011），对 CDM 项目温室气体减排量进行计算，实现对其合格性审查。这套标准和依据即是 CDM 方法学。截至目前，CDM 执行理事会（EB）批准的方法学共 249 项，涉及 15 个领域。农业 CDM 项目发展相对滞后。目前，在 CDM 执行理事会注册的农业 CDM 项目仅为 132 个，占项目总数的 1.66%，这主要由于农业 CDM 项目方法学不完善、市场主体缺失、交易成本大等原因造成的。与农业相关的经执行理事会批准的方法学共 8 项，仅占方法学总量的 3.2%，涉及畜禽粪便管理、生物质发电、酸性土壤农田大豆玉米轮作系统、豆科作物牧草轮作系统接种剂替代尿素，以及调整水稻种植水肥管理措施减排甲烷等几个方面（FCCC，2015）。

CDM 方法学关键要素如下：①基准线情景设定。CDM 方法学将基准线情景设定作为核心内容，因为只有在基准线确定的情况下才能开展项目减排量评估；②额外性评价与论证。需要阐明所采用的额外性论证方法；③确定项目边界。阐明项目的物理边界和地理边界，列出项目的排放源和泄漏源；④计算减排量。项目减排量等于基准线排放量减去项目排放量以及泄漏排放量；⑤项目监测。包括需要的目标、数据、监测单位、工具和范围等。

CDM 方法学的计算减排量的步骤如下：一是基准线情景温室气体排放量估算公式及结果 E_1；二是项目边界内工程活动温室气体排放量估算公式和结果 E_2；三是项目活动引起的温室气体排放量的净变化（即泄漏）估算公式和结果 E_3；四是该项目减排量

$E_4 = E_1 - E_2 - E_3$。

国家发改委在 2012 年 6 月印发了《温室气体自愿减排交易管理暂行办法》（发改气候〔2012〕1668 号），旨在鼓励基于项目的温室气体减排交易和保障有关交易活动有序开展。《温室气体自愿减排交易管理暂行办法》第二部分对自愿减排方法学和项目申请备案的要求、程序作出规定（周泓、郭洪泽，2013）。规定的方法学主要有两种来源：一种是在对 EB 批准的 CDM 方法学系统梳理基础上，选择使用频率较高、在国内适用性较好的方法学进行了转化；另一种是国内项目开发者向国家主管部门申请备案和批准的新方法学，例如国家林业局报送的"碳汇造林项目方法学""竹子造林碳汇项目方法学"和"森林经营碳汇项目方法学"，中国农业科学院环境与可持续发展研究所申报的"可持续草地管理温室气体减排量计算与监测方法学"，沈阳华德海泰电器有限公司和北京市科吉咨询服务有限公司联合申报的"气体绝缘金属封闭组合电器 SF_6 减排计量与监测方法学"等。截至 2016 年 11 月 18 日，国家发改委气候司在对联合国清洁发展机制执行理事会已有清洁发展机制方法梳理转化和对内新申报方法学科学论证的基础上分 12 批备案国家温室气体减排方法学 200 个，其中常规项目自愿减排方法学 109 个，小型项目自愿减排方法学 86 个，农林项目自愿减排方法学 5 个，建立了符合我国国情的温室气体减排计算方法体系。

1.3.2　沼气工程减排计量参数指标研究

围绕沼气工程减排计量研究，现有研究基本集中于农村户用沼气工程和畜禽粪便沼气工程方面。在计算过程中，参数方面研究还较为缺乏，选取的参数大都来自于IPCC。依据每立方米沼气替代 2 kg 的煤炭（王革华，1999；段茂盛、王革华，2003；张培栋，王刚，2005；张培栋等，2008），采用无烟煤的热值为 24 493 TJ/Mt（IPCC，1996；1TJ = 10^{12} J，Mt 为公吨）、无烟煤碳排放系数 26.39 tC/TJ、民用部门的碳氧化率为 80%（郭李萍、林而达，1998）为参数，计算了沼气替代煤炭产生的减排量。朱立志、赵鱼（2012）采用计量分析的方法，在计算历年农村消费的沼气能源量的基础上，采用 0.714 kg 标准煤/m^3 作为沼气的折标煤系数、1.22 kg/m^3 作为沼气密度、0.714 kg标准煤/kg 作为煤炭折标煤系数，依次换算标煤当量、沼气质量、替代煤炭量，之后对沼气减排效果进行分析，表明 2000—2009 年农村年平均沼气消费相当于替代标准煤的煤炭消费 602.20 万 t，折算成煤炭，则相当于替代 843.4238 万 t 的煤炭消费量。吴国林、张薪（2012）以安阳市内黄县上乡户用秸秆沼气池为例，指出池容 10 m^3、年消耗秸秆 2 t 的户用沼气池减排 CO_2 1.95 t，并以此为计算系数，计算出全村 70 户共减排

CO_2 136.5 t。上述研究的碳减排量核算都使用 IPCC 提供的通用参数。鉴于我国经济技术的发展，参数也需根据我国实际情况进行调整。

目前，对秸秆沼肥减排定量分析的研究较为缺乏，现有研究认为秸秆沼肥主要是通过替代化肥实现减排。对化肥生产能耗及温室气体排放的研究较为丰富，王亚静（2010）、陈舜（2014）、高春雨（2014）都曾开展过系统性的研究。王亚静（2010）系统性地开展了农田生态系统能量投入产出折能指标体系研究，对化肥的生产能耗进行了折算，结果表明：尿素的平均综合能耗折能系数为 30 530 MJ/t，碳酸氢铵的生产能耗为 16 080 MJ/t，磷肥的综合生产能耗水平为 8 390 MJ/t，钾肥的综合生产能耗水平为 4 220 MJ/t，复合肥折能系数为 27 740 MJ/t。陈舜（2014）结合目前我国的氮肥、磷肥和钾肥生产水平，给出主要化肥的温室气体排放系数：尿素 2.041 tce/（t·N），碳铵 1.928 tce/（t·N），硝酸铵 4.202 tce/（t·N），氯化铵 2.220 tce/（t·N），氮肥综合系数为 2.116 tce/（t·N），重钙 0.467 tce/（t·P_2O_5），磷酸二铵 1.109 tce/（t·P_2O_5），磷酸一铵 0.740 tce/（t·P_2O_5），普钙 0.195 tce/（t·P_2O_5），钙镁磷肥 2.105 tce/（t·P_2O_5），磷肥综合系数为 0.636 tce/（t·P_2O_5），氯化钾 0.168 tce/（t·K_2O），硫酸钾 0.409 tce/（t·K_2O），其中罗钾法硫酸钾 0.443 tce/（t·K_2O）、曼海姆法硫酸钾 0.375 tce/（t·K_2O），钾肥综合系数为 0.180 tce/（t·K_2O）。高春雨（2014）对桓台县农田 N_2O 排放量测算中，采用 4.85 t CO_2/（t·N）、0.71 t CO_2/（t·P_2O_5）、0.36 t CO_2/（t·K_2O）作为系数，计算化肥在生产过程中的温室气体排放量。

1.3.3　秸秆沼气工程效益评价

围绕秸秆沼气工程技术效益评价，众多专家学者从发酵原料的不同（Lehtomäki，2007；白洁瑞等，2009；Cuetos 等，2012；刘德江等，2012；樊婷婷等，2012；蒋滔等，2015；赵玲等，2015；韩娅新等，2016）、发酵温度的不同（Bousková 等，2005；郭欧燕等，2009；宋籽霖等，2013）、秸秆预处理方式不同（刘德江等，2012；王健等，2014；楚莉莉等，2014；董丽丽等，2014；熊霞，2015；王芳，2016）、进料方式不同（吴楠，2013；杜静等，2015）、接种物不同（庞云芝，2010；张昌爱，2010；Suwannoppadol 等，2011；Quintero 等，2012；韩梦龙等，2014）、发酵工艺不同（李轶等，2014；徐泽敏等，2014；张重等，2015）、所处区域的不同（张铎、邱凌，2010；邱桃玉，2011；王大蔚，2012）等影响因素对秸秆沼气工程产气状况进行分析，此外，有学者（林妮娜等，2011；韩芳、林聪，2014）用能值分析方法进行了评价。

围绕秸秆沼气工程经济效益评价研究，Adeoti 等（2000）建立了净现值、投资回收期等经济评价指标对规模化秸秆沼气工程进行了经济评估；闵师界等（2012）以四川成都新津县秸秆沼气工程为研究案例，分析了影响秸秆沼气工程经济效益的因素；王红彦等（2014）采用财务评价方法对河南、山东和江苏 3 省 6 个秸秆沼气集中供气工程的经济可行性进行比较分析；马放等（2015）从秸秆运输半径为出发点，计算出秸秆沼气工程经济效益最优原料运输半径为 37km。

国外围绕秸秆沼气工程环境效益评价研究，主要采用 LCA 评价方法研究了畜禽粪便原料沼气工程（Berglund and Börjesson，2006；Ishikawa *et al.*，2006）、能源作物沼气工程（Blengini *et al.*，2011；Colin *et al.*，2010）和固体垃圾填埋沼气工程（Martina *et al.*，2012a；2012b）生命周期内温室气体排放、污染物排放及其对环境影响的评价。赵兰等（2010）运用 LCA 评价法，对山东德州前仓村大型秸秆沼气集中供气示范工程进行了全球变暖、酸化、光化学烟雾、富营养化和气溶胶的环境影响分析；温晴等（2011）针对江苏省农业沼气项目规划，开展了沼气工程环境影响评价指标体系研究；研究李刚等（2011）分析了秸秆沼气工程在储存和使用沼渣沼液过程对周围环境的影响，提出减少秸秆沼气工程环境负影响的技术途径；王俏丽（2015）基于 LCA 理论，根据 Eco. Indicator 99 和 IPCC 2007 GWP 方法，分别评价了规模化秸秆沼气工程的生态指数和全球变暖潜值。

围绕秸秆沼气工程综合效益评价，美国特拉华大学能源环境政策中心（2005）结合社会、环境影响因素，构建了以经济、卫生、能源和生态效益为主的多层次综合评价指标体系，针对沼气生态系统进行了全面系统评价；田芯（2008）结合包络分析法、层次分析法、模糊分析法和频度分析法构建了以经济效益、环境效益和社会效益为主体的大中型沼气工程综合评价指标体系，并利用该指标体系对北京地区 4 处大中型沼气工程进行了实证研究；Balasubramanian（2008）运用蒙特卡洛模型对沼气系统的效益进行了综合评价。孙淼、王效华（2011）以扬州某畜禽养殖场大中型沼气工程为例，进行了大中型沼气工程沼气产出的能源替代效益分析。

在沼气工程减排效用评价方面，Li X *et al.*（2011）指出大中型沼气工程不仅可以解决清洁能源的使用问题，而且可以减少空气污染，减少面源污染，减少地下水的污染，对于促进农业方面的节能减排具有非常重要的意义。在评价方法方面，IPCC 清单法（王革华，1999；张培栋，王刚，2005；张培栋等，2008；白洁瑞等，2011；朱立志、叶晗，2013；）、CDM 方法学（段茂盛、王革华，2003；马展，2006；李玉娥等，2009；董红敏等，2009；赵立祥、郭轶杰，2009；周捷等，2012）、生命周期评价（刘黎娜、王效华，2008；王明新等，2010；张艳丽等，2011；陈绍晴等，2012；衣瑞建等，2015；靳红梅等，2015；阚士亮等，2015)、监测数据法（张成虎，2011；甘福丁等，2012）都有所应用。此外，杨艳丽等（2013）利用复合回归模型对中国沼气行业的 CO_2 减排量与生物质资源、农村用能结构以及沼气利用现状等指标之间的数值关系进行模拟分析。但现有沼气工程减排效用评价，主要围绕户用沼气工程（张培栋、王刚，2005；刘尚余等，2006；王明新等，2010；朱立志、叶晗，2013；陈绍晴等，2012)、养殖场畜禽粪便沼气工程（段茂盛、王革华，2003；李玉娥等，2009；蔡梅等，2011；甘福丁等，2012；衣瑞建等，2015；靳红梅等，2015；阚士亮等，2015）开展。苏明山等（2002）以大中型沼气工程为研究对象，建立基准线，明确系统边界，以此为基础构造了估算大中型沼气工程温室气体减排量及减排成本的方法，但其在计算时候只考虑了炊事用户使用了沼气之后不再使用液化气或煤炭而引起的温室气体减排。截至目前，专门针对秸秆沼气工程温室气体减排开展研究的文献，仅有白洁瑞等（2011）以金坛市直溪镇汀湘村秸秆沼气集中供气工程为案例，通过计算无该沼气工程时猪粪的温室气体排放、农作物秸秆无控焚烧时温室气体排放与工程产生的沼气替代煤炭使用产生的排放，得出该工程年减排 CO_2 8 605 t。但事实上，秸秆沼气工程的减排量计算要除去由工程运行和工程带来的泄漏量，此外，秸秆沼气工程的产出不仅有沼气，还有沼肥。沼肥有替代化肥的作用，而化肥生产也是一个能耗和排放的过程。

综上所述，国内外专家与学者已对秸秆沼气工程的技术评价、经济评价、环境评价以及综合效益评价开展了大量的研究。在沼气工程减排效用分析方面，也有不少方法的应用。但现有的沼气工程减排效用分析基本集中于农村户用沼气工程和畜禽粪便沼气工程，针对秸秆沼气沼气工程减排效用分析的目前仅有一篇，而专门针对大型秸秆沼气工程这一特定沼气工程类别的研究尚属空白。此外，现有研究在计算沼气工程减排效用的时候，多是考虑畜禽粪便资源化利用减排、沼气的替代减排，对于沼渣沼液利用的减排效果以及沼气工程运行能耗排放未作考虑。

第 2 章　我国大型秸秆沼气工程发展现状

本章论述了我国大型秸秆沼气工程的发展历程，依据工程规模、发酵工艺、发酵原料、发酵温度和增保温方式的不同，对秸秆沼气工程进行了系统分类，并分析了覆膜槽秸秆厌氧消化等七大工艺，最后提出来我国大型秸秆沼气工程发展面临的障碍。

2.1 我国大型秸秆沼气工程产业发展概况

秸秆在 20 世纪 60 年代就被作为一种发酵原料用于沼气工程实践（陈小华、朱洪光，2007）。但长期以来，囿于秸秆较高的木质纤维素含量，秸秆厌氧消化困难、发酵产气量低，此外密度小、体积大、流动性差等原因导致了秸秆一直都未能大规模用于沼气生产（殷志明、王一线，2010）。与此同时，在农村生活能源严重短缺的背景下，得力于政府的大力推广，以畜禽粪便为主要发酵的原料的农村户用沼气工程和规模化畜禽粪便沼气工程迎来了发展的高峰期。北方"四位一体"、南方"猪—沼—果"、西北"五配套"等模式与沼气能源生态建设经验在全国范围内得以推广和借鉴，农业部提出了"能源环保工程"和"生态家园富民工程"计划，为农村沼气项目争取到补助和财政支持，中国沼气进入稳步健康发展阶段。沼气工程已成为我国生物质能源开发利用的重要工程类别（王红彦等，2014）。

近年来，伴随着农村经济的发展、农业结构的调整，农户分散养殖锐减，规模化养殖推进迅速，农村户用沼气发展面临一定制约。与此形成鲜明对比的是，农作物秸秆大量废弃、焚烧，生物质资源浪费严重，已经成为严重的社会和环境问题（赵建宁等，2011）。为了广辟原料来源，有效利用农作物秸秆资源，丰富沼气工程工艺类别，促进沼气工程快速发展，我国有计划的加大了秸秆沼气工程的投资扶持力度和工程数量规模（王红彦等，2014）。秸秆沼气，又一次重回人们的视野。

为了破解秸秆沼气技术难题，在农业部组织下，相关科研单位和企业多次开展秸秆沼气技术研发与试验（郝先荣，2011）。围绕秸秆发酵菌种、秸秆原料预处理、厌氧消化反应器等方面的研究取得了巨大成就，研究成果在实践中得到充分应用。山东省泰安市在 2001 年建成我国首个纯秸秆厌氧消化沼气集中供气工程，发酵装置总容积 500 m^3，年消化玉米秸秆 190 t，产气 4.8 万 m^3，为 160 户农户提供生活用能，并于 2004 年顺利通过了农业部组织的验收（庞云芝等，2010）；2006 年，在黑龙江农垦海林农场，由农业部支持建设了工程规模达 3 000 m^3、稻草和麦秸为原料的大型秸秆沼气工程；2007 年，北京市顺义区建成 1 000 m^3、玉米秸秆为主要原料的大型秸秆沼气集中供气工程，为 500 户农户提供生活用能。同年 8 月，农业部组织对江西省吉安市以秸秆为主要原料生产沼气的技术试点示范项目进行了鉴定。这项技术鉴定的通过，标志着我国秸秆沼气化技术已经成熟，秸秆沼气技术应用取得突破性进展（路辉、刘伟，2009）。也是在该年，农业部把秸秆沼气生产技术列为我国农业和农村"十大节能减排技术"之首。

秸秆沼气技术的成熟为大型秸秆沼气工程的发展提供了可能，而政府和社会的支持和期待极大地推动了大型秸秆沼气工程的发展。多地政府部门在秸秆综合利用计划中明确表示支持大型秸秆沼气工程的建设。规模化秸秆沼气集中供气工程成为我国秸秆沼气工程的主要部分，数量迅速壮大，如表 2.1 所示，我国规模化秸秆沼气集中供气工程由 2006 年年初的 17 座到 2014 年年末的 458 座，9 年间数量翻了 25 倍多。

表 2.1 我国秸秆集中供气工程发展情况（2006—2014 年）

项目	年份								
	2006	2007	2008	2009	2010	2011	2012	2013	2014
年初数量	17	122	—	150	178	273	341	409	434
当年新建数量	110	—	—	106	114	82	77	49	40
当年报废数量	5	—		78	19	14	9	25	24
年末数量	122	—	150	178	273	341	409	434	458

资料来源：《中国农业统计资料》2006—2014 年。

当前我国大型秸秆沼气工程呈现出如下特点：

（1）工艺技术多元化。我国规模化秸秆沼气工艺种类较多，完全混合式厌氧发酵工艺、车库型干式发酵工艺、自载体生物膜干发酵工艺、覆膜槽秸秆干式发酵工艺、一体化两相厌氧消化工艺等都有应用。

（2）标准体系健全化。沼气产业标准制定与实施有利于保证我国沼气工程质量，提高我国沼气产业水平。目前我国围绕设计标准、施工及验收标准、运行管理标准等，制订了《NY/T—667 沼气工程规模分类》《NY/T—1220 沼气工程技术规范》《NY/T—2142 秸秆沼气工程施工操作规程》《NY/T—858 沼气压力表》《NY/T—2065 沼肥施用技术规范》等多个行业标准规范。

（3）工程管理规范化。在项目立项阶段，严格按照项目论证、立项、可行性分析、多部门联合审批流程进行，在项目建设阶段，加大对沼工程设计施工方的资格认证和审核力度；在工程运行管理阶段，建立有完整的生产、维修、管理、安全、环保等规章制度，强化了对专业技术人员和管理人员的培育。

大型秸秆沼气工程，实现了农作物秸秆资源化利用与无害化处理，为农村生产了清洁能源沼气。同时，从田间来回田间去，产出高品位的沼肥。沼肥以水溶性物质为主，易吸收，养分损失少，腐殖酸含量较高。农田长期施用沼肥，减少了对化肥的依赖，土壤活性较强，土壤品质较好。大型秸秆沼气工程充分发掘"另一半农业"的功能，使农业生物质资源利用走上生态、能源、环保的道路，推动了农村循环经济可持续发展。大型秸秆沼气工程的实施，对促进资源节约型、环境友好型社会主义新农村建设具有十分重要的意义。

2.2 我国秸秆沼气工程分类

依据不同的分类标准，秸秆沼气工程可分属不同类别。本研究依据规模大小、发酵原料、发酵工艺、发酵温度、增保温方式的不同，对秸秆沼气工程进行分类概述。

2.2.1 依据规模大小分类

《NY/T 667—2011 沼气工程规模分类》规定了沼气工程规模的分类方法和分类指标。该分类方法包括指标必用指标2个和选用指标2个。必用指标包括日产沼气量与厌氧消化装置总体容积。选用指标包括厌氧消化装置单体容积和配套系统。在对沼气工程进行规模分类时，必须同时采用二项必要指标和二项选用指标中的任意一项指标加以界定。如果日产沼气量和厌氧消化装置总体容积中的其中一项指标超过上一规模的指标时，取其中的低值作为规模分类依据。依据该标准沼气工程的规模分为特大型、大型、中型和小型，详见表2.2。

表2.2 沼气工程规模的分类方法和分类指标

工程规模	日产沼气量（Q）（m^3/d）	厌氧消化装置单体容积（V_1）（m^3）	厌氧消化装置单体容积（V_2）（m^3）	配套系统
特大型	Q≥5 000	V_1≥2 500	V_2≥5 000	发酵原料完整的预处理系统；进出料系统；增温保温、搅拌系统；沼气净化、储存、输配和利用系统；计量设备；安全保护系统；监控系统；沼渣沼液综合利用或后处理系统
大型	5 000>Q≥500	2 500>V_1≥500	5 000>V_2≥500	发酵原料完整的预处理系统；进出料系统；增温保温、搅拌系统；沼气净化、储存、输配和利用系统；计量设备；安全保护系统；沼渣沼液综合利用或后处理系统
中型	500>Q≥150	500>V_1≥300	1 000>V_2≥300	发酵原料完整的预处理系统；进出料系统；增温保温、回流、搅拌系统；沼气净化、储存、输配和利用系统；计量设备；安全保护系统；监控系统；沼渣沼液综合利用或后处理系统

(续表)

工程规模	日产沼气量 （Q） （m³/d）	厌氧消化 装置单体容积 （V₁）（m³）	厌氧消化 装置单体容积 （V₂）（m³）	配套系统
小型	$150 > Q \geqslant 5$	$300 > V_1 \geqslant 20$	$500 > V_2 \geqslant 20$	发酵原料的计量、进出料系统；增温保温、沼气净化、储存、输配和利用系统；计量设备；安全保护系统；监控系统；沼渣沼液综合利用或后处理系统

　　资料来源：《NY/T 667—2011 沼气工程规模分类》。

2.2.2　依据发酵工艺分类

　　秸秆沼气发酵工艺根据干物质含量浓度不同可分为秸秆干发酵工艺和秸秆湿发酵工艺。秸秆干发酵，一般干物质浓度在 20% 以上，具体包括序批式投料工艺和连续式投料工艺。具体工艺技术包括覆膜槽干式、车库（集装箱）式和红泥塑料厌氧消化工艺。秸秆湿发酵，干物质浓度一般在 10% 以下，主要包括完全混合式厌氧发酵工艺和自载体生物膜厌氧消发酵工艺，详见表 2.3。

表 2.3　秸秆沼气工程的发酵工艺

分类	工艺名称	简称	反应装置	反应过程	进料
秸秆湿发酵	全混合厌氧消化工艺	CSTR	立式筒形或卧式筒形	内设搅拌，附有循环回流接种系统	连续进料
	全混合自载体生物膜厌氧消化	CSBF	立式圆筒形或卧式长方形	内设搅拌，固态化学预处理	机械序批式投料
秸秆干发酵	覆膜槽干式厌氧消化工艺	MCT	顶部及至少一侧面由密封膜密封的矩形槽	多个反应器错峰运行	装载机批量式投料
	车库（集装箱）式厌氧消化工艺	GDFT	车库型或集装箱型	渗滤液回流喷淋	铲车序批式投料
	红泥塑料厌氧消化工艺	RMP	地下砖混或钢筋混凝土结构，红泥塑料覆盖	消化器顶部的四周设置喷淋管	机械序批式投料

　　秸秆沼气发酵工艺根据发酵阶段分类可分为单相发酵和两相发酵。单相发酵是指水解、产酸、产甲烷在同一个反应器中进行（白娜，2011）。上述干发酵与湿发酵都属于单相发酵。两相厌氧发酵工艺是指固相和液相发酵原料分别在不同区域进行厌氧消化，产酸相和产甲烷过程相分离。两相厌氧发酵工艺又可依据反应器的个数分为分离

式两相厌氧发酵工艺和一体化两相厌氧厌氧发酵工艺。分离式两相厌氧消化工艺（STP）是指在不同反应器中分别进行固相和液相消化，连续进料，沼液回流喷淋，底部渗滤液收集；一体化两相厌氧消化工艺（CTP）是指在同一反应器内实现固相和液相分区消化，连续进料，顶部喷淋，底部渗滤液收集。

2.2.3　依据增保温方式分类

目前，我国沼气工程增温工艺主要有煤炭加热增温、电力加热增温、自产沼气加热增温、太阳能加热增温等。目前国内沼气工程大多利用煤炭、电力等常规能源进行增温，煤炭、电力加热工艺好管理、易操作，但是电加热系统需消耗不少高品位的电能，其节能性及社会经济性并不佳。煤炭热水锅炉加热法虽然更具有经济性，但同时也存在热能转化率低、污染大等缺点。与传统增温工艺相比，太阳能加热增温对厌氧发酵过程可控性更好，无须开采和运输，但前期投入成本较高、季节性较强、持久运行性和地区适应性较差。自产沼气加热方式加热效率高，投资成本明显低于太阳能加热，但要高于沼气发电余热加热。此外，其他增温工艺还有地源热泵增温、原料堆沤增温、提高料液浓度增温等。

沼气工程冬季保温工艺主要包括保温材料保温、大棚保温等。目前国内沼气工程常用的保温材料有聚氨酯制品、硅酸铝制品、复合硅酸盐泡沫棉、聚乙烯制品等。除保温材料应用外，最有实用价值的是大棚保温，不但具有较好的集热效果，能使沼气工程系统在冬季的能耗大大降低，明显提高系统的能效比，而且投资较低。

2.2.4　依据发酵原料种类分类

秸秆做沼气发酵原料，主要是采用小麦、玉米、花生、大豆等作物秸秆。农村常用的秸秆沼气主要分为全秸秆沼气发酵和秸秆与人畜粪便混合发酵，不同地区可根据资源禀赋和沼气发酵工艺择优选择发酵原料。目前，我国大部分秸秆沼气工程采用玉米秸秆作为发酵原料。不同的作物秸秆发酵效率也存有一定的差异。研究表明：加碱预处理后水稻秸秆容易降解，玉米秸秆次之，小麦秸秆较难降解。3 种秸秆在发酵过程中产气量及沼气中的甲烷含量相差较明显，干物质产气率的大小顺序为：水稻秸秆＞小麦秸秆＞玉米秸秆（刘德江等，2015）。此外，青饲作物、秸秆、菜茎叶等也可作为发酵原料（Börjesson & Berglund，2007）。

2.2.5　依据发酵温度分类

根据《秸秆沼气工程工艺设计规范（NY/T 2142—2012）》，中温发酵的温度范围是 35~45 ℃，单位质量产气量为 0.3~0.35 m³/kg（TS），容积产气率≥0.8 m³/（m³·d）；高温发酵的温度范围是 50~60 ℃，单位质量产气量为 0.3~0.35 m³/kg（TS），容积产气率≥1.0 m³/（m³·d）。考虑到与其他工艺参数之间的配合以及经济性和加热能耗，中温发酵是秸秆沼气工程最常见的发酵温度。

本研究依据规模大小、发酵原料、发酵工艺、发酵温度、增保温方式的不同，对我国秸秆沼气工程的分类详见表 2.4。

表 2.4 秸秆沼气工程分类

分类依据	分类指标	类别内容
规模大小	以日产沼气量与厌氧消化装置总体容积为必要指标，厌氧消化装置单体容积和配套系统为选用指标	特大型、大型、中型和小型
发酵原料	投入原料种类	玉米秸秆、麦秸、稻秸、作物秸秆+畜禽粪便
发酵过程	发酵原料干物质浓度和发酵阶段	秸秆干发酵、秸秆湿发酵、单相、两相
增保温方式	增保温投入能源要素	煤炭加热增温、电力加热增温、自产沼气加热增温、太阳能加热增温、秸秆堆沤增温等
发酵温度	温度范围	中温发酵、高温发酵

2.3 我国大型秸秆沼气工程发酵工艺

秸秆厌氧发酵一般分为 3 个阶段：第一阶段为水解阶段，秸秆中不可溶复合有机物转化成可溶化合物；第二阶段为产酸阶段，可溶化合物转化成短链酸与乙醇；第三阶段为产甲烷阶段，短链酸与乙醇经各种厌氧菌转化成为以甲烷与二氧化碳为主的可燃混合气体（武少菁等，2008）。

秸秆沼气发酵工艺根据干物质含量浓度不同可分为秸秆干发酵工艺和秸秆湿发酵工艺。秸秆干发酵，一般干物质浓度在 20% 以上，具体包括序批式投料工艺和连续式投料工艺。由于秸秆固体浓度高，进出料困难，我国秸秆沼气工程以序批式投料为主（陈羚等，2010），具体工艺技术包括覆膜槽干式、车库（集装箱）式和红泥塑料厌氧消化工艺。秸秆湿发酵，干物质浓度一般在 10% 以下，主要包括完全混合式厌氧发酵工艺和自载体生物膜厌氧消发酵工艺。

秸秆沼气发酵工艺根据发酵阶段分类可分为单相发酵和两相发酵。单相发酵是指水解、产酸、产甲烷在同一个反应器中进行（白娜，2011）。两相厌氧发酵工艺是指固相和液相发酵原料分别在不同区域进行厌氧消化，产酸相和产甲烷过程相分离。两相厌氧发酵工艺又可依据反应器的个数分为分离式两相厌氧发酵工艺和一体化两相厌氧厌氧发酵工艺。

本节将分别对覆膜槽干式、车库（集装箱）式、红泥塑料式、完全混合式、自载体生物膜式、分离式两相和一体化两相厌氧发酵工艺进行介绍，对现存主要的厌氧发酵工艺进行梳理。

2.3.1　覆膜槽秸秆厌氧消化工艺

覆膜槽秸秆厌氧消化工艺（Membrane Covered Trough Bioreactor，MCT），由农业部规划设计研究院自主研发，全进全出的间歇式进出料。MCT 反应器主要由槽体、覆盖槽体的柔性膜和可使柔性膜与槽体密封的联接装置构成（韩捷等，2010）。槽体的前侧面和顶部敞开，便于机械化进出料和搅拌。

其工艺流程如下：用粉碎机将秸秆粉碎为 50 mm 以下的小段，揉碎，通过装载机将粉碎后的秸秆装入 MCT 反应器，加入畜禽粪便或氮素化肥，使用反应器槽体上方的搅拌器日搅拌 1～2 次；等反应器内原料升温至 35～42 ℃，混入厌氧发酵接种物，用搅拌器将物料混合均匀后移出；将柔性膜覆盖于反应器槽体上，启动密封连接装置，密封反应器开始厌氧发酵；发酵完成，抽空 MCT 反应器内的沼气，收起柔性膜，使用搅拌器对反应器内剩余物进行好氧处理，去除水分，生产有机肥料。

MCT 反应器是覆膜槽秸秆生物气化技术核心内容。北京市大兴区薛营村秸秆沼气集中供气工程、内蒙古杭棉后旗秸秆沼气示范工程均采用该项工艺，运行成功。该项工艺具有以下几个方面的技术优势：①保温措施高效，不需外加热源，系统能耗低，运行成本低；②进出料方便，密封或解除密封快速易操作；③换料时无须进行气体置换；④对原料的适应性广，畜禽粪便、废弃秸秆、生活垃圾等有机固体废弃物都可采用该技术。但是该项工艺初始投资较大，运行管理有技术难度，对弹性膜密封性能要求较高。

2.3.2　车库（集装箱）式厌氧消化工艺

车库（集装箱）式厌氧消化工艺，采用序批式进料方式，将粉碎的秸秆与畜禽粪便或富含菌种的沼渣接种，用运输机械将物料输送到单个或多个并联的车库型或集装箱型厌氧反应器中进行厌氧消化（李布青、葛昕，2015）。车库（集装箱）式厌氧发酵装置由干发酵系统和渗滤液循环回流系统组成。干发酵系统包括车库式发酵仓、密封门、沼气出口、渗滤液喷淋头及渗滤液收集系统，渗滤液循环回流装置包括设有抽液口和进液口及接种口的渗滤液收集罐和水泵。

装置运行时，打开密封门，进行批量装料，待装料完成后，关闭密封门；进入发酵阶段，定期开启渗滤液循环回流装置进行渗滤液喷洒循环。

车库式厌氧消化工艺进出料方便快捷，通过渗滤液循环回流装置的喷洒循环，可实现高效传质传热和解除酸积累中毒及调控发酵过程，具有发酵速度快、沼气产气效率高的优点，同时还具备结构简单紧凑、沼渣肥效高和无废液后处理等优点。我国黑龙江 2010 年对该工艺开展示范应用。但该工艺初始投资较大，对密封门的要求较高；反应器容积利用率较低，对渗滤液的喷淋传质及物料的导气性要求高；在换料时需对反应器进行气体置换。

2.3.3　红泥塑料厌氧消化工艺

红泥塑料厌氧消化工艺，采用地下砖混或敞口式钢筋混凝土结构作为厌氧反应器，并用红泥塑料覆盖收集沼气（崔文文等，2013）。其具体工艺流程如图 2.1 所示。

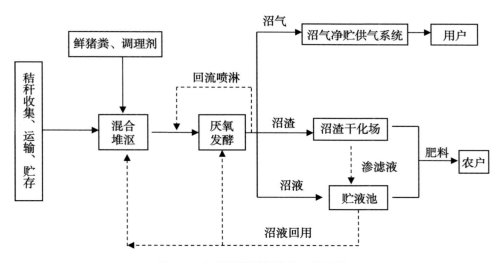

图 2.1　红泥塑料厌氧消化工艺流程

红泥塑料厌氧消化工艺不需要将秸秆切碎或粉碎，只需要把秸秆分层堆放，每层添加畜禽粪便，在空阔的场地或敞开的反应器内进行 5~10d 的堆沤预处理。完成进料后，注入可覆没池内物料的水量，将红泥塑料覆好，采用水封的方式对反应器进行密封处理，之后进入厌氧发酵器。进出料操作方便，可以直接揭开红泥塑料覆皮，通过机械化操作完成。在厌氧反应器的顶部设计铺排了喷淋管，可以快速实现对反应器添加液体或回流沼液的操作。由于红泥塑料具有较好的吸热性能，对迅速提高消化器的温度效果显著。红泥塑料厌氧消化工艺对于动力设备装置的要求较少，工程运转能耗较低低，且操作简便易掌握。该项技术工艺在我国江苏省金坛市和广西田阳县陇南屯都有较好的运用。但需要指出的是，在实践操作中，秸秆漂浮结壳的现象仍较为严重，物料传质不均，上层约有三分之一的物料降解困难。

2.3.4 完全混合式厌氧发酵工艺

完全混合式发酵工艺，干物质含量 8% 左右，连续式进出料，产酸和产甲烷过程始终在立式或卧式圆柱形反应器中进行，目前应用较为广泛。在立式或卧式圆柱形反应器中安装有搅拌装置，使发酵原料和微生物处于混合状态状况，活性区遍布整个消化器，效率比常规消化器明显提高（刘弘博，2013）。秸秆需粉碎处理至 2~3 mm，发酵温度保持在 36~40 ℃。每天要定时、定量从发酵罐顶部进行均匀布料，定期对沼液进行循环喷淋。其工艺流程如图 2.2 所示。

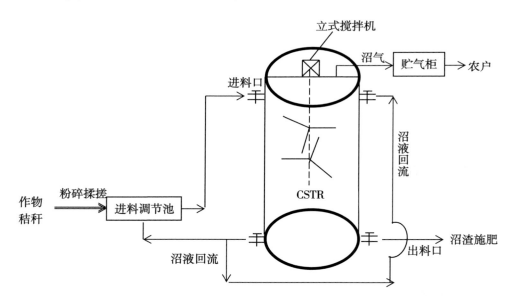

图 2.2　完全混合式厌氧发酵工艺流程

完全混合式发酵反应器内搅拌装置不仅可以打碎发酵液上层的浮渣物料，有效减少结壳现象，还能促进反应器内物料的流动导热，使反应器内温度保持均匀状态，这些都能显著缩短反应时间，确保产气的正常进行。河北天正秸秆沼气发电工程与吉林五棵树沼气工程均采用此工艺。但是该工艺缺点在于发酵浓度低、所需消化器体积较大、机械搅拌耗能大、产出的沼渣需进行脱水处理（李砚飞，2013）。

2.3.5 自载体生物膜厌氧发酵工艺

自载体生物膜厌氧发酵工艺,由北京化工大学研发。干物质含量6%~8%,连续式进出料,采用卧式反应器和斜搅拌与侧搅拌组合的搅拌方式。将秸秆进行揉搓处理,再喷洒化学药剂,转移至半地下卧式厌氧发酵池中发酵,厌氧消化菌附着在秸秆物料表面形成"生物膜"对秸秆进行消化利用。秸秆既是微生物依附生存的"载体",也是微生物生命活动的"食料",兼具生物"载体"和生物"基质"的双重功能,微生物与物料能够充分接触(李秀金,2010)。

该工艺的优点在于使用秸秆化学预处理,可显著提高秸秆产气率,且处理过程简单、时间短;针对秸秆容易吸湿膨胀、容易产生"飘浮"和"分层"现象,采用"卧式"反应器和斜搅拌与侧搅拌组合搅拌方式可使微生物与秸秆充分接触,提高微生物与物料之间的传质效率,显著提高厌氧消化效率。采用该工艺的山东省德州市秸秆沼气工程全年产气和供气稳定,运行状况较好。但需要指出的是秸秆化学预处理存在二次污染风险;搬运经碱处理过的秸秆对机械设备及操作人员影响较大。

2.3.6 分离式两相厌氧发酵工艺

分离式两相厌氧发酵工艺,固相和液相分别在不同消化器中进行。秸秆在产酸反应器中转化成易于消化的渗滤液.作为产甲烷消化器的原料生产沼气,沼液作为接种物回流至产酸反应器(陈羚等,2010)。将产酸菌和产甲烷菌两相分离,有助于不同的菌落在各自的适宜的环境下生长。

分离式两相厌氧发酵工艺可通过固相消化器的连续投料或多个处于不同消化阶段的序批消化器并联达到整个系统的连续稳定运行;酸化相既可湿式发酵也可干式发酵,对产甲烷反应器要求低;水解酸化相对原料适应性广,可实现连续进出料;管理方便,避免了厌氧反应器出渣换料影响产气的问题;通过酸化池与厌氧池液体的循环回流可实现对沼气产量的人为调节和控制。以圆体连续投料消化器为核心的两相厌氧发酵工艺应用较为广泛,浙江省开化县和山东省淄博市的秸秆沼气示范工程均采用该工艺。但分离式两相厌氧发酵工艺需设置多个消化器,加大了投资成本。

2.3.7 一体化两相厌氧发酵工艺

一体化两相厌氧发酵工艺,即固相和液相在同一反应器内实现分区消化(张博等,2016)。反应器主体由集料池、进料仓、固液两相发酵装置及物料输送系统组成。集料池包括沼液进口和螺旋搅拌器，进料仓包括仓体和进、出料泵；固液两相发酵装置包括物料进口、沼气出口、沼渣出口、沼液出口的立式发酵罐、均匀布料器和螺旋搅拌器；物料输送系统将集料池与进料仓进口相连，进料仓出口与发酵罐的物料进口连接，发酵罐的沼液出口与集料池的沼液进口连接。

一体化两相厌氧发酵工艺流程如下：先对秸秆进行预处理，包括粉碎机粉碎、秸秆青贮；然后与回流的沼液混合，通过物料输送系统将其送入消化器，从顶部均匀布料。由于浮力的作用，固体物料集中在消化器顶部，而富含微生物的沼液流向反应器下方，于是在同一反应器内形成了固相和液相两个反应区。沼液不断回流对反应器顶部固体物料进行循环接种。一体化两相厌氧发酵工艺采取连续进出料方式保持沼气生产的连续稳定，适用于干秸秆、青贮秸秆等类物料厌氧发酵产沼气。该技术在我国应用广泛，河北、天津、四川、山西等省份均有采用该和工艺技术的秸秆沼气工程。

一体化两相厌氧发酵工艺的主要创新点在于引入青贮技术对秸秆进行预处理，既解决了秸秆的保存及消化问题，又能促进其后期发酵；另一创新点在于同一反应器内实现固相和液相消化分区，有助于两种不同的菌种分别在各自适宜的环境内达到最佳发酵效果，显著提升产气效率；沼液不断循环回流与进料混合，提高了物料接种频率，提升了原料在反应器内的产气效率。一体化两相厌氧发酵工艺通过物料输送系统实现了沼液内部的循环利用，不向外排放沼液，产出的沼渣不需脱水，可直接用作肥料。

2.4 我国大型秸秆沼气工程发展障碍

虽然我国大型秸秆沼气工程取得了可喜的发展（李想，2015），但在资金投入、收储运体系、运行状况、扶持政策等方面仍然存在着许多问题（高春雨等，2010；李宝玉等，2010），限制了我国大型秸秆沼气工程的壮大，具体表现在以下方面。

一是大型秸秆沼气工程自负盈亏能力差、资金投入不足。大型秸秆沼气工程建设投资需求较大，建成后运营成本较高，无论是秸秆的收集、运输和预处理，还是工程运行的电费以及日常管理、维修都要求大型秸秆沼气工程业主具有足够的资金储备和完整的资金链。当前我国大型秸秆沼气工程建成投入运营后，主要是通过集中供气产生效益，投资回报率低，经济效益较差。沼肥作为工程联产品，未受到足够重视，商业化开发程度较低。造成大型秸秆沼气工程业主难以承担运营成本，经济效益影响业主对大型秸秆沼气投资的积极性，制约了秸秆沼气工程的产业化发展。

二是秸秆收储运体系不健全。秸秆具有分散、体积大、密度低的特点，秸秆收集、贮存、处理过程都需要增加设施设备，如消防设施等，使土建、设备等一次性投资较高。如果农户人工收割后自己运输到秸秆沼气工程,需要较多的劳动力,且经济性较差;如果农户购置收割、运输机械,秸秆收集机械价格较高,季节性强,作业时间短,机械利用率低;如果完全靠企业完成秸秆的收集、运输、配送一整套系统,成本高。此外,秸秆原料的来源稳定性受季节影响较大,企业直接从农户手中购买秸秆导致价格可控性较差。以政府推动为主导、秸秆利用企业和收储组织为轴心、经纪人参与、市场化运作的秸秆收储运体系亟须建立。

三是沼气工程规模较小、运行不稳定。与国外尤其是德国等沼气工程发展较为成熟的国家相比,我国当前的秸秆沼气工程存在着整体发展规模偏小,运行状况不稳定等问题。许多沼气工程重建不重管,建成后忽视完善服务与管理,运行效果不佳,产气率低,不能满负荷运行,甚至发生停产。以德国为例,德国沼气工程平均池容约为 1 000 m^3(崔文文,2013),且容积产气率较高,即使在冬季环境气温低至 -20 ℃,沼气工程的最高产气率可达 5~6 m^3/(m^3·d),经济效益显著。

四是激励与补贴政策的不到位。大型秸秆沼气工程作为一项公益性的民生工程,需要国家和政府加强扶持、激励,制定出台相关补贴政策。我国现有的激励和补贴政策集中于工程建设方面,缺乏对原料收集、工程后期运行和终端产品补贴。目前我国大部分大型秸秆沼气工程在用地、用电、用水、税收、信贷等方面享受不到实惠,业主投入秸秆沼气工程的积极性受挫,需要建立从前段到终端、从建设到运营一揽子配套扶持政策和激励机制,继续加大对大型秸秆沼气工程和相关群体包括秸秆收储运组织、沼气服务组织、农户等的专扶持和补贴力度。

第 3 章　清洁发展机制及其方法学

3.1　清洁发展机制概述

3.1.1　清洁发展机制的由来

清洁发展机制是《京都议定书》中建立的减排温室气体的三个灵活合作机制之一。清洁发展机制的诞生离不开《京都议定书》的形成，而《京都议定书》的形成是《联合国气候变化框架公约》的产物。

《联合国气候变化框架公约》（United Nations Framework Convention on Climate Change，UNFCCC 或 FCCC，以下简称《公约》）是世界上第一个鼓励全面控制二氧化碳等温室气体排放，以应对全球气候变暖给人类经济和社会带来不利影响的国际公约，于 1992 年 6 月 4 日在巴西里约热内卢举行的联合国环发大会上通过，并于 1994 年 3 月 21 日生效（吕学都，2010）。从 1995 年开始，每年举行一次《公约》缔约方大会。

《公约》第二条规定，"本公约以及缔约方会议可能通过的任何相关法律文书的最终目标是减少温室气体排放，减少人为活动对气候系统的危害，减缓气候变化，增强生态系统对气候变化的适应性，确保粮食生产和经济可持续发展。为实现上述目标，公约确立了五个基本原则：一是"共同而有区别"的原则，要求发达国家应率先采取措施，应对气候变化；二是要考虑发展中国家的具体需要和国情；三是各缔约国方应当采取必要措施，预测、防止和减少引起气候变化的因素；四是尊重各缔约方的可持续发展权；五是加强国际合作，应对气候变化的措施不能成为国际贸易的壁垒。

《京都议定书》（Kyoto Protocol，又译《京都协议书》《京都条约》以下简称《议定书》），是 1997 年 12 月在日本京都由《联合国气候变化框架公约》缔约方第三次会议制定的，其全称是《联合国气候变化框架公约的京都议定书》。议定书规定，在"不少于 55 个参与国签署该条约并且温室气体排放量达到附件 I 中规定国家在 1990 年总排放量的 55%后的第 90 天"开始生效，这两个条件中，"55 个国家"在 2002 年 5 月 23 日当冰岛通过后首先达到。2004 年 12 月 18 日俄罗斯通过了该条约后达到了"55%"的条件，条约在 90 天后于 2005 年 2 月 16 日开始正式生效。

《京都议定书》是气候变化国际谈判中的里程碑式的协议，是人类历史上第一部限制各国温室气体排放的国际法案，首次以法规的形式限制温室气体排放。它的主要内容是限制和减少温室气体排放，规定了 2008—2012 年的减排义务。它将工业化国家分成 8 组，以法律形式要求他们控制并减少包括 CO_2（二氧化碳）、CH_4（甲烷）、N_2O（氧化亚氮）、HFCs（氢氟碳化物）、PFCs（全氟碳化）和 SF_6（六氟化硫）6 种温室气体在内的排放。《京都议定书》规定工业化国家应履行的义务有：①在 2008—2012 年，将其人为温室气体排放水平在 1990 年基础上平均减少 5.2%；②向发展中国家提供新的和额外的资金和技术援助；③帮助发展中国家提高应对气候变化的能力建设。

为了促进各国完成温室气体减排目标，议定书建立了旨在减排温室气体的 3 个灵活合作机制——国际排放贸易机制、联合履行机制和清洁发展机制，允许采取以下 4 种减排方式：①两个发达国家之间可以进行排放额度买卖的排放权交易"，即难以完成削减任务的国家，可以花钱从超额完成任务的国家买进超出的额度；②以 "净排放量" 计算温室气体排放量，即从本国实际排放量中扣除森林所吸收的二氧化碳的数量；③可以采用绿色开发机制，促使发达国家和发展中国家共同减排温室气体；④可以采用 "集团方式"，即欧盟内部的许多国家可视为一个整体，采取有的国家削减、有的国家增加的方法，在总体上完成减排任务（吕学都，2000）。

清洁发展机制自此诞生。其核心是允许发达国家和发展中国家进行项目级的减排量抵销额的转让与获得，其目的是协助未列入附件 I 的缔约方实现可持续发展和有益于《联合国气候变化框架公约》的最终目标，并协助附件 I 所列缔约方实现遵守第三条规定的其量化的限制和减少排放的承诺。简言之，清洁发展机制就是由工业化发达国家提供资金和技术，在发展中国家实施具有温室气体减排效果的项目，而项目所产生的温室气体减排量则列入发达国家履行《京都议定书》的承诺，即工业化发达国家以 "资金+技术" 换取温室气体的 "排放权"（指标）。因为清洁发展机制既解决了发达国家的减排成本问题，又解决了发展中国家的持续发展问题，所以被公认为是一项 "双赢" 机制。

清洁发展机制从诞生到运行是一个逐步完善的过程。1998 年 11 月，《联合国气候变化框架公约》第四次缔约方大会通过了布宜诺斯艾利斯行动计划 BAPA，要求缔约方大会解决有关京都三机制，尤其是 CDM 在运行模式、规则、指南、操作程序和方法学等所有悬而未决的细则，以便使京都机制在 2000 年前具备充分的可操作性。2001 年 7 月在《联合国气候变化框架公约》缔约方大会续会上达成了 "波恩协议"，协议决议通过系统的能力建设活动而建立和发展有效的 CDM 项目管理体制和运行规则，提高发展中国家开发、设计和实施 CDM 项目的能力，CDM 产生的效益将在国际 CDM 项目投资者、承担国的有关经济部门和受气候变化影响的国家中分享。2001 年 11 月在马拉喀什举行的《联合国气候变化框架公约》第七次缔约方大会，与会各国就《京都议定书》第 12 条所规定的 CDM 运行模式、规则、程序等重要问题达成一致，标志着 CDM

27

正式启动。《京都议定书》通过了建立清洁发展机制执行理事会的规定，CDM 执行理事会（Executive Board，EB）是全球 CDM 管理中心，负责制定政策、注册项目、批准方法学等。

3.1.2 清洁发展机制的运作

清洁发展机制的运作，其核心是 CDM 项目的实施。CDM 项目的实施，CDM 执行理事会制定了相关标准，作为合格的 CDM 项目的要求（IPCC，2007）。主要包含如下方面：①项目相对于基准而言必须能够产生温室气体减排量；②项目须经参与项目的缔约方政府批准；③项目所采用的建立基准线的方法和监测的方法应是经过批准的方法；④项目须经过环境影响评价，并且如果会带来其他环境问题，应提出解决这些环境问题的办法；⑤项目基准线的建立应基于以项目为基础并考虑以保守和透明的方式建立基准线，建立基准线时应该充分考虑国家和行业的政策和规划，还应该选择合理的边界并充分考虑项目可能产生的温室气体"泄漏"问题。

在总体要求层面，清洁发展机制项目的实施必须符合以下条件：①获得项目涉及的所有成员国的正式批准；②有利于促进项目东道国的可持续发展；③在缓解气候变化方面产生确实的、长期的、可测量的效益，其产生的减排量必须具备"额外性"。

在清洁发展机制项目的参与成员国要求层面，必须满足几项基本要求：①自愿参与清洁发展机制项目；②建立国家级的清洁发展机制主管机构；③批准《京都议定书》。

此外，参与项目的工业化发达国家还需要符合以下规定：①完成《京都议定书》第 3 条规定的减排分配额度；②建立国家级的温室气体排放评估体系；③成立国家级的清洁发展机制项目注册机构；④建立温室气体减排量交易账户管理系统；⑤提交年度数据报告。

清洁发展机制项目主要包括以下几种类型：①改善终端能源利用效率；②改善供应方能源效率；③可再生能源；④替代燃料；⑤农业（甲烷和氧化亚氮减排项目）；⑥工业生产过程（水泥生产等减排二氧化碳、氢氟碳化物、全氧化碳或六氟化硫的项目）；⑦碳汇项目。

在 CDM 项目运作方面，主要流程如下。

（1）项目识别；初步判断本项目是否为 CDM 项目。

（2）项目设计；当项目符合 CDM 的标准，需要完成项目设计文件（PDD）。设计文件的格式由联合国 CDM 执行理事会确定。

（3）项目批准；CDM 项目需要得到东道国指定的本国 CDM 主管机构批准。目前我国的 CDM 主管机构是国家发展改革委员，中国 CDM 项目需要获得发改委出具的正式批准文件。

（4）项目审定；项目开发者需要与一个指定的经营实体进行签约，负责其审核认证的工作。完成这项工作，这个项目才能成为合法的 CDM 项目。根据每个项目类型不同，寻找具有审核认证资质的指定的经营实体。

（5）项目注册；签约的指定的经营实体确认该项目符合 CDM 的要求，签署审核认证报告，向联合国 CDM 执行理事会提出注册申请。审定报告中需要包含项目设计文件（PDD），东道国的书面批准文件以及对公众意见的处理情况。在 CDM 执行理事会收到注册请求之日起 8 周内，如果没有 CDM 执行理事会的 3 个或 3 个以上的理事和参与项目的缔约方提出重新审查的要求，则项目自动通过注册。执行理事会主要审查项目是否符合阶段 4 的审定条件。最终决定由 CDM 执行理事会在接到注册申请后的第二次会议之前作出。如果该项目被 CDM 执行理事会驳回，企业可以修改，修改后重新提出申请。

（6）项目的实施与监测；监测活动由项目建议者实施，并且需要按照提交注册的项目设计文件中的检测计划进行。监测结果需要向负责核查与核证项目减排量的指定经营实体报告。一般情况下，进行项目审定和减排量核查核证的经营实体不能为同一家，但是，小规模 CDM 项目可以申请同一家指定经营实体进行审定、核查和核证。

（7）减排量的核查与核证；核查是指由指定经营实体负责、对注册的 CDM 项目减排量进行周期性审查和确定的过程。根据核查的监测数据、计算程序和方法，可以计算 CDM 项目的减排量。核证是指由指定的经营实体出具书面报告，证明在一个周期内，项目取得了经核查的减排量，根据核查报告，指定的经营实体出具一份书面的核证报告，并且将结果通知利益相关者。

（8）CERs 的签发；指定的经营实体提交给 CDM 执行理事会的核证报告，申请 CDM 执行理事会签发与核查减排量相等的 CERS。在 CDM 执行理事会收到签发请求之日起 15 天之内，参与项目的缔约方或至少 3 个执行理事会的成员没有提出对 CERs 签发申请进行审查，则可以认为签发 CERs 的申请自动获得批准。如果缔约方或者 3 个以上的 CDM 执行理事会理事提出了审查要求，则 CDM 执行理事会需要对核证报告进行审查。在收到了审查要求的情况下，CDM 执行理事会会在下一次会议上确定是否进行审查。如果决定进行审查，审查内容仅局限在指定经营实体是否有欺骗、渎职行为及其资质问题。审查应在确定审查之日起 30 天之内完成。

3.2 清洁发展机制在中国

3.2.1 清洁发展机制在中国的历程

我国于 1998 年 5 月签署并于 2002 年 8 月核准了《京都议定书》，加入清洁发展机制（CDM）国际间的减排量合作中。

为加强我国政府对 CDM 项目的有效管理，保证 CDM 项目在我国的有序实施，2001 年，国家气候变化对策协调小组办公室就组织有关部门和专家，开始起草《CDM 项目运行管理暂行办法》。2004 年 5 月，国家发展和改革委员会、科学技术部和外交部等共同制定颁布了《CDM 项目运行管理暂行办法》（简称《暂行办法》），明确规定以《联合国气候变化框架公约》和未正式生效的《京都议定书》为立法依据。2005 年 2 月，《京都议定书》正式生效，CDM 项目实施的法律风险已经消除。鉴于 2004 年 5 月出台的《暂行办法》已经不能适应形势发展的需要，尤其是其中的"暂行"二字往往会引起《联合国气候变化框架公约》所要求强制减排温室气体的 38 个工业化国家投资者的误解和担心，2005 年 10 月，我国政府重新发布《CDM 项目运行管理办法》。随后，为了进一步规范 CDM 项目的实施，维护 CDM 项目业主及参与各方的权益，我国政府又颁布了《关于规范我国 CDM 项目咨询服务及评估工作的重要公告》《关于我国 CDM 基金及 CDM 项目实施企业有关企业所得税政策问题的通知》等规章制度，逐步建立健全了 CDM 政策法规体系。为进一步推进清洁发展机制项目在中国的有序开展，促进清洁发展机制市场的健康发展，国家发展改革委、科技部、外交部、财政部联合对《清洁发展机制项目运行管理办法》进行了修订，2011 年 8 月 3 日正式发布，2005 年 10 月 12 日施行的《清洁发展机制项目运行管理办法》同时废止。

为促使各级地方政府和相关的企业充分认识到利用 CDM 发展绿色经济的作用，我国政府采取有效措施，在宣传和普及 CDM 方面采取了许多有效措施。先后在世界银行、亚洲开发银行、联合国开发计划署等国际机构及德国、瑞士、意大利、加拿大、挪威等国政府的资助和合作下，从 2001 年开始在国内大力推动 CDM 能力建设，开展了大量的科学研究，采用边干边学的方式，培养 CDM 示范项目，组织开展对典型项目的全面研究和总结，积累在项目识别和选择上的经验，完成了一批 CDM 项目的基础建设。在四川、甘肃、宁夏回族自治区（以下称宁夏）等地的科技系统内建立了 CDM 专家团和地方技术服务中心。

我国的 CDM 项目迅速由最初的少数几个地区扩展到全国 31 个省（区、市），并且表现出一定的地域性和行业性特征。风电项目主要集中在沿海地区、内蒙古自治区（以下称内蒙古）、新疆维吾尔自治区（以下称新疆）和东北三省；水电项目主要集中在云南、四川、湖南等地；煤层气的回收利用主要集中在山西、河南和安徽。与印度、巴西两个起步较早的国家相比，我国的 CDM 项目数量增速明显加快。从 2006 年第三季度开始，我国 CDM 项目数量超过印度，成为每季度新增项目数最多的国家。另外，由于我国 CDM 项目的平均规模较大，因此，截至 2010 年年底，我国 CDM 项目的累计碳减排量领先于其他发展中国家，占全世界总量的 40% 以上。

在我国 CDM 项目数量快速增长的同时，项目的商务模式也日益增多，呈现多样化。我国 CDM 项目的商务模式主要包括以下几类：①多边基金，主要来自于世界银行；②政府购买计划，包括荷兰政府 CER 购买计划、芬兰 CDMJI 先驱项目、苏黎世国际气候投资 CDM 计划、奥地利 JICDM 购买计划和意大利 CDM 基金；③商业和发展银行。如荷兰农业合作银行、日本国际协力银行、日本发展银行、德国复兴信贷银行集团等。2009 年，我国先后有两家 CDM 项目指定经营实体（DOE）—中环联合认证中心和我国质量认证中心获得联合国监督 CDM 项目实施的机构（EB）颁发的资质，有力地推动了国内 CDM 项目更好、更快的发展。2008 年，北京环境交易所、天津排放权交易所和上海能源环境交易所相继成立，为 CDM 项目的开发与交易奠定了良好的市场基础，表明我国建立和培育碳市场的意识显著增强（马敬昆等，2010）。

截至 2017 年 8 月 31 日，已获得 CERs 签发的中国 CDM 项目多达 1 557 个，其中内蒙古最多，其次是云南。已签发 CDM 项目估计年 CO_2 减排量 3.58 亿 t，其中江苏省、浙江省和内蒙古位列三甲，都超过 3 000 万 t。从已签发 CDM 项目减排类型构成来看，新能源和可再生能源类 CDM 项目占比最多，占 81.37%，其次是节能和提高能效类。从已签发 CDM 项目估计年减排量的减排类型构成来看，新能源和可再生能源类 CDM 项目估计年减排量最大，达 1.79 亿 t CO_2e，占比 49.94%。

中国在 2009 年的哥本哈根气候大会上正式提出到 2020 年实现单位国内生产总值二氧化碳排放比 2005 年下降 40% 到 45% 的目标，并在 2014 年 11 月首次正式提出 2030 年碳排放达到峰值的目标。"十二五"期间，我国碳交易市场建设从地方碳排放交易试点和国家自愿减排交易体系的两个方向同步推进。2011 年 10 月，国家发改委批准在北京、上海、天津、重庆、湖北、广东开展碳排放权交易试点工作，这 7 个省市于 2013 年 6 月至 2014 年 6 月间陆续开市，"两省五市"碳排放权交易试点市场的先后启动使中国一举成为位居全球第二的碳排放权交易市场。2016 年 12 月福建成为第八个试点。另外，以《温室气体自愿减排交易管理办法（暂行）》出台为标志，2012 年国内项目级别的自愿减排交易工作也开始推进。作为 2017 年深化经济体制改革重点工作之一，全国碳排放权交易市场全面启动在即。

3.2.2 清洁发展机制在中国的运作

2001 年，国家气候变化对策协调小组办公室就组织有关部门和专家，开始起草《CDM 项目运行管理暂行办法》。2004 年 5 月，国家发展和改革委员会、科学技术部和外交部等共同制定颁布了《CDM 项目运行管理暂行办法》（简称《暂行办法》）。2005年 10 月，为进一步规范和推动清洁发展机制项目的有序开展，有关部门颁布了经修订后的《清洁发展机制项目管理办法》。为进一步推进清洁发展机制项目在中国的有序开展，促进清洁发展机制市场的健康发展，国家发展改革委、科技部、外交部、财政部联合对《清洁发展机制项目运行管理办法》进行了修订，2011 年 8 月 3 日正式发布。2011 年正式发布的《清洁发展机制项目运行管理办法（修订）》是目前我国 CDM 项目运作的规范，该办法对我国 CDM 项目管理体制、申请和实施程序做了明确的说明和要求。

在管理体制方面，主要包括清洁发展机制项目审核理事会、项目主管机构、项目实施机构三大部分。

项目审核理事会组长单位为国家发展改革委和科学技术部，副组长单位为外交部，成员单位为财政部、环境保护部、农业部和中国气象局。项目审核理事会主要履行以下职责：①对申报的清洁发展机制项目进行审核，提出审核意见；②向国家应对气候变化领导小组报告清洁发展机制项目执行情况和实施过程中的问题及建议，提出涉及国家清洁发展机制项目运行规则的建议。

国家发展改革委是中国清洁发展机制项目合作的主管机构，在中国开展清洁发展机制合作项目须经国家发展改革委批准。国家发展改革委主要履行以下职责：①组织受理清洁发展机制项目的申请；②依据项目审核理事会的审核意见，会同科学技术部和外交部批准清洁发展机制项目；③出具清洁发展机制项目批准函；④组织对清洁发展机制项目实施监督管理；⑤处理其他相关事务。

中国境内的中资、中资控股企业作为项目实施机构，可以依法对外开展清洁发展机制项目合作。项目实施机构主要履行以下义务：①承担清洁发展机制项目减排量交易的对外谈判，并签订购买协议；②负责清洁发展机制项目的工程建设；③按照《公约》《议定书》和有关缔约方会议的决定，以及与国外合作方签订购买协议的要求，实施清洁发展机制项目，履行相关义务，并接受国家发展改革委及项目所在地发展改革委的监督；④按照国际规则接受对项目合格性和项目减排量的核实，提供必要的资料和监测记录。在接受核实和提供信息过程中依法保护国家秘密和商业秘密；⑤向国家发展改革委报告清洁发展机制项目温室气体减排量的转让情况；⑥协助国家发展改革委及项目所在地发展改革委就有关问题开展调查，并接受质询；⑦企业资质发生变更后主动申报；⑧根据本办法第三十六条规定的比例，按时足额缴纳减排量转让交易额；⑨承担依法应由其履行的其他义务。

在项目申请申请和实施程序方面，项目实施机构的申请途经主要如下：除附件所列的 42 家中央企业直接向国家发展改革委提出清洁发展机制合作项目的申请外，其余项目实施机构向项目所在地省级发展改革委提出清洁发展机制项目申请。有关部门和地方政府可以组织企业提出清洁发展机制项目申请。国家发展改革委可根据实际需要适时对附件所列中央企业名单进行调整。

项目实施机构向国家发展改革委或项目所在地省级发展改革委提出清洁发展机制项目申请时必须提交以下材料：①清洁发展机制项目申请表；②企业资质状况证明文件复印件；③工程项目可行性研究报告批复（或核准文件，或备案证明）复印件；④环境影响评价报告（或登记表）批复复印件；⑤项目设计文件；⑥工程项目概况和筹资情况说明；⑦国家发展改革委认为有必要提供的其他材料。需要注意的是，如果项目在申报时尚未确定国外买方，项目实施机构在填报项目申请表时必须注明该清洁发展机制合作项目为单边项目。获国家批准后，项目产生的减排量将转入中国国家账户，经国家发展改革委批准后方可将这些减排量从中国国家账户中转出。国家发展改革委在接到附件所列中央企业申请后，对申请材料不齐全或不符合法定形式的申请，应当场或在 5 日内一次告知申请人需要补正的全部内容。项目所在地省级发展改革委在受理除附件所列中央企业外的项目实施机构申请后 20 个工作日内，将全部项目申请材料及初审意见报送国家发展改革委，且不得以任何理由对项目实施机构的申请作出否定决定。对申请材料不齐全或不符合法定形式的申请，项目所在地省级发展改革委应当场或在 5 日内一次告知申请人需要补正的全部内容。

项目实施机构提出项目申请且材料齐备，则进入评审阶段。国家发展改革委在受理本办法附件所列中央企业提交的项目申请，或项目所在地省级发展改革委转报的项目申请后，组织专家对申请项目进行评审，评审时间不超过 30 日。项目经专家评审后，由国家发展改革委提交项目审核理事会审核。项目审核理事会召开会议对国家发展改革委提交的项目进行审核，提出审核意见。项目审核理事会审核的内容主要包括：①项目参与方的参与资格；②本办法第十五条规定提交的相关批复；③方法学应用；

④温室气体减排量计算；⑤可转让温室气体减排量的价格；⑥减排量购买资金的额外性；⑦技术转让情况；⑧预计减排量的转让期限；⑨监测计划；⑩预计促进可持续发展的效果。

国家发展改革委根据项目审核理事会的意见，会同科学技术部和外交部作出是否出具批准函的决定。对项目审核理事会审核同意批准的项目，从项目受理之日起 20 个工作日内（不含专家评审的时间）办理批准手续；对项目审核理事会审核同意批准，但需要修改完善的项目，在接到项目实施机构提交的修改完善材料后会同科学技术部和外交部办理批准手续；对项目审核理事会审核不同意批准的项目，不予办理批准手续。

项目经国家发展改革委批准后，由经营实体提交清洁发展机制执行理事会申请注册。国家发展改革委负责对清洁发展机制项目的实施进行监督。项目实施机构在清洁发展机制项目成功注册后 10 个工作日内向国家发展改革委报告注册状况，在项目每次减排量签发和转让后 10 个工作日内向国家发展改革委报告签发和转让有关情况。

清洁发展机制项目因转让温室气体减排量所获得的收益归国家和项目实施机构所有，其他机构和个人不得参与减排量转让交易额的分成。国家与项目实施机构减排量转让交易额分配比例如下：①氢氟碳化物（HFC）类项目，国家收取温室气体减排量转让交易额的 65%；②己二酸生产中的氧化亚氮（N_2O）项目，国家收取温室气体减排量转让交易额的 30%；③硝酸等生产中的氧化亚氮（N_2O）项目，国家收取温室气体减排量转让交易额的 10%；④全氟碳化物（PFC）类项目，国家收取温室气体减排量转让交易额的 5%；⑤其他类型项目，国家收取温室气体减排量转让交易额的 2%。国家从清洁发展机制项目减排量转让交易额收取的资金，用于支持与应对气候变化相关的活动，由中国清洁发展机制基金管理中心根据《中国清洁发展机制基金管理办法》收取。

3.3 清洁发展机制方法学

为确保 CDM 能正常有序实施，实现《京都议定书》设立目标，联合国清洁发展机制执行理事会（Executive Board，EB）建立了一套有效的、透明的、可操作的标准和依据，对 CDM 项目温室气体减排量进行计算，实现对其合格性审查。这套标准和依据即是 CDM 方法学。截至 2016 年，CDM 执行理事会（EB）批准的方法学共 249 项（表3-1），涉及 15 个领域（IPCC，2007）。

表 3-1　EB 通过的方法学一览（分行业）

涉及的行业	方法学	小规模项目方法学	整合方法学
可再生能源/不可再生能源	AM0007、AM0010、AM0014、AM0019、AM0024、AM0025、AM0026、AM0029、AM0035、AM0036、AM0042、AM0044、AM0045、AM0047、AM0048、AM0049、AM0052、AM0053、AM0054	AMS-Ⅰ.A. AMS-Ⅰ.B. AMS-Ⅰ.C. AMS-Ⅰ.D. AMS-Ⅱ.B. AMS-Ⅲ.B.	ACM0002、ACM0006 ACM0007、ACM0009 ACM0011、ACM0012
能源分布	\ \	AMS-Ⅱ.A.	\ \
能源需求	AM0017、AM0018、AM0020 AM0046	AMS-Ⅱ.C. AMS-Ⅱ.E. AMS-Ⅱ.F.	\ \
制造业	AM0007、AM0014、AM0024 AM0033、AM0036、AM0040 AM0041、AM0049	AMS-Ⅱ.D. AMS-Ⅲ.K. AMS-Ⅲ.N.	ACM0003、ACM0005 ACM0009、ACM0012
化工行业	AM0021、AM0027、AM0028 AM0034、AM0037、AM0047 AM0050、AM0051、AM0053	AMS-Ⅲ.J. MS-Ⅲ.M.	\ \
交通运输业	AM0031	AMS-Ⅲ.C.	\ \
矿产品	\ \	\ \	ACM0008
金属生产	AM0030、AM0038	\ \	\ \
燃料的飞逸性排放（固体燃料，石油和天然气）	AM0009、AM0023、AM0037 AM0043	AMS-Ⅲ.D.	ACM0008
碳卤化合物和六氟化硫的生产和消费产生的飞逸性排放	AM0001、AM0035	\ \	\ \
废弃物处置	AM0002、AM0003、AM0010 AM0011、AM0013、AM0022 AM0025、AM0039	AMS-Ⅲ.E.、 AMS-Ⅲ.F. AMS-Ⅲ.G.、 MS-Ⅲ.H. AMS-Ⅲ.I.、 AMS-Ⅲ.L.	ACM0001、ACM0010
造林和再造林	AM0042、AR-AM0001、AR-AM0002、AR-AM0003 AR-AM0004、AR-AM0005 AR-AM0006、AR-AM0007	AR-AMS0001	\ \
农业	\ \	AMS-Ⅲ.D.	ACM0010

　　由于《议定书》是清洁发展机制（CDM）的基础，而 2008 年 1 月 1 日至 2012 年

12 月 31 日是《议定书》规定的第一承诺期，按照《公约》第一承诺期届满后将作出第二个承诺期减排，现实情况是虽然多哈气候变化会议 8 日通过决议，2013 年开始实施《议定书》第二承诺期，但加拿大、日本、新西兰、俄罗斯退出，美国从未加入该议定，第二阶段只涉及全球温室气体排放的 15%。发达国家第二承诺期的减排力度明显不够，2020 年之前的出资规模和公共资金提供情况也不令人满意。清洁发展机制未来命运如何，现在仍扑朔迷离。撇开各国博弈与考量不说，但就清洁发展机制本身而言，该机制提供的思路与具体可操作的方法是非常值得借鉴和学习的。无论 CDM 机制未来走向如何，CDM 方法学作为系统、完整的定量研究方法将保持活力。

国家发改委在 2012 年 6 月印发了《温室气体自愿减排交易管理暂行办法》（发改气候〔2012〕1668 号），旨在鼓励基于项目的温室气体减排交易和保障有关交易活动有序开展。《温室气体自愿减排交易管理暂行办法》第二部分对自愿减排方法学和项目申请备案的要求、程序作出规定。规定的方法学主要有两种来源：一种是在对 EB 批准的 CDM 方法学系统梳理基础上，选择使用频率较高、在国内适用性较好的方法学进行了转化；另一种是国内项目开发者向国家主管部门申请备案和批准的新方法学。截至 2016 年 11 月 18 日，国家发改委气候司在对联合国清洁发展机制执行理事会已有清洁发展机制方法梳理转化和对内新申报方法学科学论证的基础上分 12 批备案国家温室气体减排方法学 200 个，其中常规项目自愿减排方法学 109 个，小型项目自愿减排方法学 86 个，农林项目自愿减排方法学 5 个，建立了符合我国国情的温室气体减排计算方法体系。

回归到 CDM 方法学，方法学主要包括：基准线确定、额外性评价、项目边界界定、泄漏估算、减排量计算、监测计划等方面的内容（林而达等，1998）。

CDM 项目基准线设定是方法学的核心问题之一，是判断 CDM 项目是否具有额外性的主要依据之一，是计算 CDM 项目的减排效果的基础。CDM 项目活动的基准线，是合理地代表没有拟议的项目活动时会出现的温室气体源人为排放量的情景，即在东道国内资源、财务、技术、和法规政策条件下，可能出现的合理排放水平。基准线应包括项目边界内所有《京都议定书》附件 A 所规定的气体、部门、排放源分类的排放量。

基准线可采用以下 3 种方法中最符合本项目的一个加以确定：①现有实际排放量或历史排放量；②在考虑了投资障碍的情况下，一种代表有经济吸引力的主流技术所产生的排放量；③过去五年在类似社会、经济、环境和技术状况下开展的、其效能在同一类别位居前 20% 的类似项目活动的平均排放量。

CDM 项目额外性分析是方法学的另一个核心问题。额外性分析是指出 CDM 项目与基准线究竟有哪些主要的不同之处，这些差别正是一个合格 CDM 项目所必需具备的。需要具有的主要额外性：①减排的额外性：项目排放小于基准线排放；②购买项目减排量资金的额外性：不是附件一缔约方政府的官方发展援助资金及其转移。

在进行额外性分析的时候，可采取以下途径：①每个方法学均明确给出该方法学如何进行额外性分析，绝大多数已批准的方法学都引用"额外性论证和评估工具"；②采用"基准线确定和额外性论证统一工具"；③极少数方法学提出自己专有的额外性分析方法；④小规模项目采用简化额外性分析，只要存在投资障碍、技术障碍、常规做法障碍、其他障碍 4 种中的任何一种障碍，则项目活动具有额外性。

项目边界包括边界的描述和必要解释，排放源和温室气体种类的描述，并依此制作排放来源表格。

在计算减排量时候，要在经批准的方法学中选择，说明使用的方法学编号及名称。并依据该方法学计算项目排放、基准线排放、泄漏排放和减排量，要明确地陈述在计算减排量时使用的方程。

监测计划主要包括监测方法学的应用和监测计划的描述以及监测的数据和参数。监测计划的描述包括运行和管理的层次结构，数据收集和存档的职责分配和机构安排，监测方式和手段等。提供每个参数的如下信息：项目活动实际使用的数据的来源、说明测量的方法和程序。

第4章 大型秸秆沼气工程温室气体减排计量方法

本研究在构建大型秸秆沼气工程温室气体减排计量方法的过程中，参考和借鉴了国家发改委办公厅备案的自愿减排项目方法学、《联合国气候变化框架公约》有关清洁发展机制下的方法学、工具、方式和程序和政府间气候变化专门委员会《国家温室气体清单编制指南》，结合我国大型秸秆沼气工程的发展现状，力求计量方法科学、合理、可操作，贴近生产实际。

本计量方法在明确大型秸秆沼气工程项目边界的前提下，遵循如下思路计算大型秸秆沼气工程温室气体减排量：①确定基准线，计算基准线情景下温室气体排放量 E_1；②计算工程的温室气体排放量 E_2；③计算由该工程引起的温室气体排放量的净变化，即泄漏 E_3；④计算大型秸秆沼气工程温室气体减排量 $E_4 = E_1 - E_2 - E_3$。

在此思路指导下，大型秸秆沼气工程温室气体减排计量方法包括：项目边界、基准线排放量计算、工程排放量计算、泄漏量计算、减排量计算、项目监测六部分内容。

4.1　项目边界

大型秸秆沼气工程通过对废弃秸秆进行收集、厌氧发酵，产出的沼气通过管网输往农户家中用作炊事燃料，产出的沼渣沼液替代化肥，减少温室气体的排放量。

项目边界包括：

（1）大型秸秆沼气工程。

（2）项目活动不存在时秸秆废弃物弃置/无控焚烧的地点。

（3）将废弃秸秆运输到沼气工程的路径。

（4）工程电力消耗、化石燃料消耗、燃油消耗以及产生热能的设施。

（5）沼渣沼液处理、用于土壤施肥的地点。

（6）沼气燃烧/焚烧或者有偿使用的地点。

（7）该地区所施肥料生产企业的生产过程。

（8）沼渣运输及沼气输送环节。

项目边界范围内的温室气体排放源和排放气体详情见表4.1。

表 4.1　项目边界内的排放源和排放气体汇总及说明

情景	排放源	气体	计入/排除	解释说明
基准线	废弃秸秆无控燃烧或腐烂	CO_2	排除	秸秆废弃物的CO_2排放不会导致 LULUCF 碳库的变化
		CH_4	计入	主要排放源
		N_2O	排除	基准线和项目排放差别不大

（续表）

情景	排放源	气体	计入/排除	解释说明
基准线	农户炊事用能	CO_2	计入	主要排放源
		CH_4	排除	基准线和项目排放差别不大
		N_2O	排除	基准线和项目排放差别不大
	化肥生产	CO_2	计入	主要排放源
		CH_4	排除	不排放
		N_2O	排除	不排放
项目活动	废弃秸秆的运输	CO_2	计入	主要排放源
		CH_4	排除	基准线和项目排放差别不大
		N_2O	排除	基准线和项目排放差别不大
	秸秆在项目现场堆放存储	CO_2	排除	秸秆废弃物的CO_2排放不会导致 LULUCF 碳库的变化
		CH_4	排除	储存时间不超过 1 年该排放源非常小
		N_2O	排除	基准线和项目排放差别不大
	工程运行化石燃料消耗	CO_2	计入	主要排放源
		CH_4	排除	基准线和项目排放差别不大
		N_2O	排除	基准线和项目排放差别不大
	工程运行电力消耗	CO_2	计入	主要排放源
		CH_4	排除	基准线和项目排放差别不大
		N_2O	排除	基准线和项目排放差别不大
	沼气管网供应过程中产生的逃逸	CO_2	排除	基准线和项目排放差别不大
		CH_4	计入	在泄漏部分中考虑
		N_2O	排除	基准线和项目排放差别不大
	沼渣沼液运输到田地的排放	CO_2	计入	主要排放源
		CH_4	排除	基准线和项目排放差别不大
		N_2O	排除	基准线和项目排放差别不大
	未使用沼气火炬燃烧产生的排放	CO_2	计入	主要排放源
		CH_4	排除	沼气中甲烷被消耗
		N_2O	排除	基准线和项目排放差别不大

4.2 基准线排放量计算方法

基准线是合理地代表一种在没有拟议项目活动时会出现的温室气体源人为排放量的情况，本文中基准线排放指的是不存在大型秸秆沼气工程的情景下，与沼气工程对应的活动所产生的温室气体排放量，主要包括三大部分：①秸秆处理产生的温室气体排放；②未建秸秆沼气工程情况下农村居民生活用能所产生的温室气体排放；③未建秸秆沼气工程情况下农田施用化肥生产耗能产生的温室气体排放。

大型秸秆沼气工程温室气体基准线排放量计算公式为：

$$BE_y = BES_{U,y} + BE_{HE,y} + BE_{FP,y} \qquad (公式4.1)$$

其中：BE_y=第 y 年基准线排放量（t CO_2）；$BE_{SU,y}$=第 y 年秸秆处理的基准线排放量（t CO_2）；$BE_{HE,y}$=第 y 年农村居民生活用能所产生的温室气体排放量（t CO_2）；$BE_{FP,y}$=第 y 年农田施用化肥生产耗能产生的温室气体排放量（t CO_2）。

4.2.1 基准线情景下秸秆处理的排放量计算方法

目前，存在于我国广大地区的农作物秸秆处理方式主要包括：

（1）农作物秸秆在有氧条件下弃置或腐烂，例如将农作物秸秆堆放在田间地头任其腐烂。

（2）农作物秸秆在厌氧条件下弃置或腐烂，例如挖坑填埋，而非堆放或弃置在田地中。

（3）农作物秸秆非能源用途的无控燃烧。

（4）农作物秸秆用于非能源用途，如作为肥料、饲料、基料或生产工业的原料使用（如用于纸浆和造纸工业）。

（5）农作物秸秆用于供热和/或发电，或在其他项目中用作能源，如生物燃料。

我国秸秆基数大，2013年秸秆综合利用率达到76%，仍有24%的秸秆未得到利用，秸秆的无控焚烧或丢弃浪费现象还较为严重。大型秸秆沼气工程以提高秸秆综合利用率为目的，不与其他秸秆资源化利用方式争原料，即本研究确定的秸秆为未被当地农户、秸秆经纪人、合作社、企业等资源化利用的秸秆。此外，本研究不存在与其他秸秆资源化利用方式进行对照的情况，所以不考虑上述（4）（5）处理方式，而大型秸秆沼气工程所用的秸秆来源于田间地头，不存在从填埋坑中挖出送至大型秸秆沼气工程的现象，排除（2）处理方式。所以，本研究将秸秆处理的基准线情景确定为（1）和（3）处理方式。参考国家温室气体自愿减排方法学《CM-092-V01 纯发电厂利用生物废弃物发电》《CM-075-V01 生物质废弃物热电联产项目》,对于基准线情况为(1)或(3)的各类生物质废弃物,在计算基准线排放量时均按生物质废弃物是无控燃烧的情况处理。

计算农作物秸秆无控焚烧的基准线排放量:

基准线排放量为秸秆废弃物数量、净热值和合适的排放因子的乘积,计算如下:

$$BE_{SU, y} = GWP_{CH_4} \times \sum_n BR_{n, B1/B3, y} \times NCV_{n, y} \times EF_{BR, n, y}$$

(公式 4.2)

其中:$BE_{SU, y}$ = 第 y 年秸秆废弃物无控焚烧的基准线排放量(t CO_2);GWP_{CH_4} = 甲烷的全球温升潜势值(t CO_2/t CH_4);$BR_{n, B1/B3, y}$ = 第 y 年秸秆沼气工程活动所对应的基准线情景 B1 或 B3 的类别 n 的秸秆废弃物的数量(干基 t),即为第 y 年大型秸秆沼气工程利用的废弃秸秆数量;$NCV_{n, y}$ = 第 y 年类别 n 的秸秆废弃物的净热值(GJ/干基 t);$EF_{BR, n, y}$ = 第 y 年类别 n 的秸秆废弃物无控燃烧的甲烷排放因子(t CH_4/GJ)。

4.2.2　基准线情景下农户炊事用能的排放量计算方法

大型秸秆沼气工程产出沼气主要利用途径为通过管网输往农户家里,农户配套沼气灶,将沼气用作炊事燃料。当前我国农村地区炊事用能的燃料种类丰富,主要包括:①燃煤等化石燃料;②秸秆、薪柴等可再生生物质资源;③来自国家电网电力;④太阳能、风能、水能、天然气、液化气等。在上述种类能源中,太阳能、风能、水能等作为清洁能源,在使用时不考虑温室气体排放,故本研究不将太阳能、风能、水能等作为农户生活用能的基准线情景考虑,只考虑沼气使用对传统能源的替代产生的减排。替代情景主要包括单纯替代和复合替代。

4.2.2.1　基准线情景下单纯替代农户生活用能的排放量计算方法

所谓单纯替代,指的是农户在未使用沼气前,仅使用化石燃料、电、天然气、液化气、秸秆、薪柴等其中的一种作为炊事燃料。

(1)单纯替代化石燃料。该基准线情景下基准线排放量为所对应农户生活炊事用化石燃料产生的温室气体排放总和,计算如下:

$$BE_{HE, y} = BEF_{F, y} = \sum_{i=1}^{N} FF_{i, fossil, y} \times NCV \times EF_{FF, CO_2} \quad \text{(公式 4.3)}$$

其中:$BE_{FF, y}$ = 第 y 年项目沼气工程所对应的化石燃料使用基准线排放量(t CO_2);$FF_{i, fossil, y}$ = 第 y 年第 i 户消耗的化石燃料的数量(t/年);NCV_{fossil} = 该类化石燃料的净热值（GJ/t）；EF_{FF, CO_2} =该类化石燃料的 CO_2 排放因子（t CO_2/GJ）；N =秸秆沼气工程供气户数。

（2）单纯替代电。该基准线情景下基准线排放量为所对应农户生活炊事总耗电产生的温室气体排放，计算如下：

$$BE_{HE, y} = BE_{electric, y} = \sum_{i=1}^{N} FF_{i, electric, y} \times EF_{g, y} \qquad （公式4.4）$$

其中：$BE_{electric, y}$ =第 y 年项目沼气工程所对应的耗电基准线排放量（t CO_2）；$FF_{i, electric, y}$ =第 y 年第 i 户农户消耗的电量（MWh）；$EF_{g, y}$ =第 y 年区域电网的 CO_2 排放因子（t CO_2/MWh）；N =秸秆沼气工程供气户数。

（3）单纯替代天然气。该基准线情景下基准线排放量为所对应农户生活炊事天然气使用产生的温室气体排放，计算如下：

$$BE_{HE, y} = BE_{gas, y} = \sum_{i=1}^{N} FF_{i, gas, y} \times NCV_{gas} \times OXID \times EF_{CO_2, gas, y}$$

$$（公式4.5）$$

其中：$BE_{gas, y}$ =第 y 年项目沼气工程所对应的天然气消耗基准线排放量（t CO_2）；$FF_{i, gas, y}$ =第 y 年 N 户农户消耗的天然气总量（m³/年）；NCV_{gas} =每立方米天然气的净热值（GJ/m³）；$OXID$ =天然气的氧化率（%）；$EF_{CO_2, gas, y}$ =第 y 年每单位能量天然气的 CO_2 排放因子（t CO_2/GJ）；N =秸秆沼气工程供气户数。

（4）单纯替代液化气。该基准线情景下基准线排放量为所对应农户生活炊事液化气使用产生的温室气体排放，计算如下：

$$BE_{HE, y} = BE_{liquidgas, y} = \sum_{i=1}^{N} FF_{i, liquidgas, y} \times$$

$$NCV_{liquidgas} \times OXID \times EF_{CO_2, liquidgas, y} \qquad （公式4.6）$$

其中：$BE_{liquidgas, y}$ =第 y 年项目沼气工程所对应的液化气消耗基准线排放量（t CO_2）；$FF_{i, liquidgas, y}$ =第 y 年 N 户农户消耗的液化气总量（m³/年）；$NCV_{liquidgas}$ =每立方米液化气的净热值（GJ/m³）；$OXID$ =天然气的氧化率（%）；$EF_{CO_2, liquidgas, y}$ =第 y 年每单位能量液化气的 CO_2 排放因子（t CO_2/GJ）；N =秸秆沼气工程供气户数。

（5）单纯替代秸秆。该基准线情景下基准线排放量为所对应农户生活炊事秸秆使用产生的温室气体排放，计算如下：

$$BE_{HE, y} = BE_{straw, y} = \sum_{i=1}^{N} FF_{i, straw, y} \times NCV_{straw, n, y} \times$$

$$EF_{CH_4, n, straw} \times GWP_{CH_4} \qquad （公式4.7）$$

其中：$BE_{straw, y}$=第 y 年项目沼气工程所对应的秸秆消耗基准线排放量（t CO_2）；$FF_{i, straw, y}$=第 y 年 N 户农户消耗的秸秆总量（t/年）；$NCV_{straw, n, y}$=第 y 年类别 n 的秸秆废弃物的净热值（GJ/干基t）；$EF_{CH_4, n, straw}$=第 y 年类别 n 的秸秆燃烧的甲烷排放因子（t CH_4/GJ）；GWP_{CH_4}=甲烷的全球温升潜势值（t CO_2/tCH_4）；N=秸秆沼气工程供气户数。

（6）单纯替代薪柴。该基准线情景下基准线排放量为所对应农户生活炊事薪柴使用产生的温室气体排放，计算如下：

$$BE_{HE, y} = BE_{wood, y} = \sum_{i=1}^{N} FF_{i, wood, y} \times NCV_{wood, n, y} \times EF_{CH_4, n, wood} \times GWP_{CH_4} \qquad （公式4.8）$$

其中：$BE_{wood, y}$=项目沼气工程所对应的薪柴消耗基准线排放量（t CO_2）；$FF_{i, wood, y}$=第 y 年 N 户农户消耗的秸秆总量（t/年）；$NCV_{wood, n, y}$=第 y 年类别 n 的薪柴的净热值（GJ/干基t）；$EF_{CH_4, n, wood}$=第 y 年类别 n 的薪柴燃烧的甲烷排放因子（t CH_4/GJ）；GWP_{CH_4}=甲烷的全球温升潜势值（t CO_2/tCH_4）；N=秸秆沼气工程供气户数。

4.2.2.2　基准线情景下复合替代农户生活用能的排放量计算方法

所谓复合替代，指的是农户在未使用沼气前，化石燃料、电、秸秆、薪柴、天然气中至少有两种或两种以上能源作为炊事燃料，其基准线排放量计算如下：

$$BE_{HE, y} = BE_{thermal, CO_2, y} = BE_{fossil, Q1, y} + BE_{electric, Q2, y} + BE_{gas, Q3, y} + BE_{liquidgas, Q4, y} + BE_{straw, Q5, y} + BE_{wood, Q6, y} \qquad （公式4.9）$$

其中：$BE_{thermal, CO_2, y}$=第 y 年项目沼气工程供能所对应的基准线排放量（t CO_2）；$BE_{fossil, Q1, y}$=第 y 年项目沼气工程所对应的使用 Q1 数量化石燃料基准线排放量（t CO_2）；$BE_{electric, Q2, y}$=第 y 年项目沼气工程所对应的使用 Q2 数量电力基准线排放量（t CO_2）；$BE_{gas, Q3, y}$=第 y 年项目沼气工程所对应的使用 Q3 数量天然气基准线排放量（t CO_2）；$BE_{liquidgas, Q4, y}$=第 y 年项目沼气工程所对应的使用 Q4 数量天然气基准线排放量（t CO_2）；$BE_{straw, Q5, y}$=第 y 年项目沼气工程所对应的使用 Q5 数量秸秆基准线排放量（t CO_2）；$BE_{wood, Q6, y}$=第 y 年项目沼气工程所对应的使用 Q6 数量薪柴基准线排放量（t CO_2）。

4.2.2.3　可供选择的基准线情景下农户炊事用能的排放量计算方法

鉴于小节 4.2.2.1 和小节 4.2.2.2 所述的计算方法采用的实测值较多，而实测实施难度较大，参考国家温室气体自愿减排方法学《CMS-001-V01 用户使用的热能，可包括或不包括电能》（发改办气候备〔2016〕36 号文将其修订后为《CMS-001-V02 用户使用的热能，可包括或不包括电能》）确定基准线排放的一般性条件中，"对替代化石燃料技术的可再生能源技术来说，简化的基准线为，在无该项目活动情况下使用的技术所消耗的燃料量乘以所替代的化石燃料的排放因子。"采用简化的基准线，即在计算时将农户炊事用能统一视为化石燃料，通过计算与第 y 年大型秸秆沼气工程为农户提供的净热量等值时所消耗的化石燃料的数量来计算该基准线下温室气体排放量，计算如下：

$$BE_{HE, y} = BE_{thermal, CO_2, y} = EG_{thermal, y} / \eta_{BL, thermal} \times EF_{FF, CO_2} \times N$$

（公式 4.10）

其中：$BE_{thermal, CO_2, y}$ ＝第 y 年沼气工程供能所对应的基准线排放量（t CO_2）；$EG_{thermal, y}$ ＝第 y 年单个农户使用来自沼气工程供气产生的净热量（GJ）；$\eta_{BL, thermal}$ ＝基准线炉灶的效率（％）；EF_{FF, CO_2} ＝基准线情景农户所用化石燃料的 CO_2 排放因子（t CO_2/GJ）；N ＝秸秆沼气工程供气户数。

第 y 年单个农户使用来自沼气工程供气产生的净热量为户用沼气灶第 y 年内燃烧沼气释放的热量，计算如下：

$$EG_{thermal, y} = KW_{thermal} \times H_{stove} \times DI \times 3.6 \times 10^{-3}$$（公式 4.11）

其中：$KW_{thermal}$ ＝户用沼气灶的额定功率（kW）；H_{stove} ＝第 y 年户用沼气灶的平均使用时间（h）；DI ＝户用沼气灶的热效率（％）。

4.2.3 沼肥替代化肥的温室气体减排量计算方法

我国农作物常用的化肥投入包括氮肥、复合肥、磷肥、钾肥等种类。化肥的生产需要消耗煤炭、天然气、石油、电力等化石能源。用沼肥替代化肥，既减少了化肥生产环节产生的温室气体排放，又降低了化肥施用过程中的温室气体排放。本研究确定的项目边界并不包括沼肥使用环节，因为沼肥施用并不包含在大型秸秆沼气工程系统内。所以，在计算基准线排放量时只考虑大型秸秆沼气工程沼肥产出中含有的有效养分所对应的氮肥、磷肥、钾肥在生产过程中能耗的温室气体排放。化肥生产过程耗能温室气体排放的计算公式如下：

$$BE_{fertilizer, y} = \sum_{d=1}^{n} FN_d EF_{N, CO_2} + FP_d EF_{P, CO_2} + FK_d EF_{K, CO_2}$$

（公式 4.12）

其中：$BE_{fertilizer, y}$ ＝沼肥所替代的化肥在生产过程中生产耗能温室气体排放量

（t CO_2）；FN_d =沼渣中氮肥的含量（t）；FP_d =沼渣中磷肥的含量（t）；FK_d =沼渣中钾肥的含量（t）；EF_{N, CO_2} =氮肥生产的排放系数（t CO_2/GJ）；EF_{P, CO_2} =磷肥生产的排放系数（t CO_2/GJ）；EF_{K, CO_2} =钾肥生产的排放系数（t CO_2/GJ）。

4.3   项目排放量计算方法

参照表 4.1《项目边界内的排放源和排放气体》，项目温室气体排放源主要存在于以下 3 个环节：①运输环节，包括将秸秆运输至沼气工程与将产出的沼肥运输至处理地过程中运输工具耗能排放；②生产环节，沼气工程启动运行过程中化石燃料消耗与电力消耗产生的温室气体排放；③沼气利用环节，包括农户端使用沼气和多余的沼气处理产生的温室气体排放。所以，在计算大型秸秆沼气工程排放量的时候，主要考虑工程运输活动产生的排放、工程电耗产生的排放、工程化石燃料消耗产生排放、多余沼气火炬燃烧产生的排放，其计算公式为：

$$PE_y = PE_{TR, y} + PE_{fossil, y} + PE_{electric, y} + PE_{flare, y} \qquad （公式 4.13）$$

其中：PE_y =第 y 年项目排放量（t CO_2）；$PE_{fossil, y}$ =第 y 年工程运行化石燃料消耗产生的排放（t CO_2）；$PE_{electric, y}$ =第 y 年工程运行所耗电网电量产生的排放（t CO_2）；$PE_{flare, y}$ =第 y 年沼气火炬焚烧排放量（t CO_2）；$PE_{TR, y}$ =第 y 年内工程运输活动的排放（t CO_2/年）。

4.3.1   工程运输活动的排放量计算方法

借助"公路货运导致的项目和泄漏排放计算工具"，参考方法学《CM-075-V01 生物质废弃物热电联产项目》《CM-080-V01 生物质废弃物用作纸浆、硬纸板、纤维板或生物油生产的原料以避免排放》《CM-100-V01 废弃农作物秸秆替代木材生产人造板项目减排方法学》，有两个工程运输活动的排放量计算方法供选择。

选项 1：基于距离和车辆类型计算排放：

$$PE_{TR, y} = N_{AW, y} \cdot AVD_{AW, y} \cdot EF_{km, CO_2, y} \qquad （公式 4.14）$$

或

$$PE_{TR, y} = \sum_k BF_{PJ, k, y}/TL_{AW, y} \cdot AVD_{AW, y} \cdot EF_{km, CO_2, y}$$

其中：$PE_{TR, y}$ =第 y 年内工程运输活动的排放（t CO_2/年）；$N_{AW, y}$ =第 y 年运输活动的往返次数；$AVD_{AW, y}$ =第 y 年运输活动平均往返距离（km）；$EF_{km, CO_2, y}$ =第 y 年货车平均二氧化碳排放因子（t CO_2/km）；$BF_{PJ, k, y}$ =第 y 年运输活动运输物品的总重量（t）；$TL_{AW, y}$ =所用货车的平均载荷（t）。

选项2：基于燃料消耗计算排放：

$$PE_{TR, y} = \sum_f FC_{TR, i, y} \cdot NCV_i \cdot EF_{CO_2, FF, i} \qquad （公式4.16）$$

其中：$PE_{TR, y}$=第 y 年内工程运输活动的排放（t CO_2/年）；$FC_{TR, i, y}$=第 y 年货车运输活动的燃料消耗（t）；NCV_i=燃料的净热值（GJ/t）；$EF_{CO_2, FF, i}$=化石燃料的二氧化碳排放因子（t CO_2/GJ）。

4.3.2 工程运行化石燃料消耗排放量计算方法

借鉴 EB "化石燃料燃烧导致的项目或泄漏 CO_2 排放计算工具"，第 y 年工程现场所消耗化石燃料的排放量为工程在第 y 年内所消耗的化石燃料数量与该种类型化石燃料净热值以及其 CO_2 排放因子的乘积，计算如下：

$$PE_{fossil, y} = \sum_m FF_{m, y} \times NCV_m \times EF_{CO_2, m, y} \qquad （公式4.17）$$

其中：$PE_{fossil, y}$=第 y 年工程运行化石燃料消耗产生的排放（t CO_2）；$FF_{m, y}$=工程运行消耗的 m 种类型化石燃料的数量（t/年）；NCV_m=第 m 种类型化石燃料的净热值（GJ/干基t）；$EF_{CO_2, m, y}$=第 m 种类型化石燃料的 CO_2 排放因子（t CO_2/GJ）。

4.3.3 工程运行电力消耗排放量计算方法

借鉴 EB "电力消耗导致的基准线、项目和/或泄漏排放计算工具"，第 y 年工程电力消耗排放量为秸秆沼气工程在第 y 年内所消耗的来自于国家电网电力与该沼气工程所在区域电网的 CO_2 排放因子的乘积，计算如下：

$$PE_{electric, y} = \sum_e EE_{e, y} \times EF_{e, y} \qquad （公式4.18）$$

其中：$PE_{electric, y}$=第 y 年工程运行所耗电网电量产生的排放（t CO_2）；$EE_{e,y}$=工程运行消耗的电量总量（MWh/年）；$EF_{e, y}$=第 y 年区域电网的 CO_2 排放因子（t CO_2/（MW·h））。

4.3.4 沼气火炬燃烧排放量计算方法

采用《火炬燃烧含甲烷气体导致的项目排放计算工具》估算沼气火炬燃烧时产生的项目排放，计算如下：

$$PE_{flare, y} = BG_{burnt, y} \cdot W_{CH_4, y} \cdot D_{CH_4} \cdot FE \cdot GWP_{CH_4} \qquad （公式4.19）$$

其中：$PE_{flare, y}$=第 y 年沼气火炬焚烧排放量（t CO_2）；$BG_{burnt, y}$=第 y 年通过火炬焚烧的沼气（m^3）；$W_{CH_4, y}$=第 y 年沼气中甲烷的含量（%）；D_{CH_4}=第 y 年在沼气的温度

和压力条件下甲烷的密度（t/m^3）；FE ＝第 y 年的燃烧效率（%）；GWP_{CH_4} ＝甲烷的全球温升潜势值（t CO_2/t CH_4）。

4.4　泄漏量计算方法

根据《CDM Methodology Booklet》中说明：泄漏定义为项目边界之外出现的并且是可测量的和可归因于清洁发展机制项目活动的温室气体（GHG）源人为排放量的净变化。参考 CDM《厌氧沼气池的项目和泄漏排放》工具的相关规定，本研究将沼气生产、储存、管网供气和利用过程中产生的因物理泄漏所造成的排放考虑为泄露，计算如下：

$$LE_y = BG_{LEAK,\,y} \cdot W_{CH_4,\,y} \cdot D_{CH_4} \cdot GWP_{CH_4} \qquad （公式 4.20）$$

其中：LE_y ＝第 y 年项目泄露排放量（t CO_2）；$BG_{LEAK,\,y}$ ＝第 y 年沼气的泄漏量（m^3）；$W_{CH_4,\,y}$ ＝第 y 年沼气中甲烷的含量（%）；D_{CH_4} ＝第 y 年在沼气的温度和压力条件下甲烷的密度（t/m^3）；GWP_{CH_4} ＝甲烷的全球温升潜势值（t CO_2/t CH_4）。

4.5　减排量计算方法

大型秸秆沼气工程温室气体减排量等于基准线排放量减去工程温室气体排放量和泄漏量，用公式表示，如下：

$$ER_y = BE_y - PE_y - LE_y \qquad （公式 4.21）$$

其中：ER_y ＝第 y 年大型秸秆沼气工程温室气体减排量（t CO_2）；BE_y ＝第 y 年基准线排放量（t CO_2）；PE_y ＝第 y 年项目排放量（t CO_2）；LE_y ＝第 y 年项目泄露排放量（t CO_2）。

4.6　项目监测

4.6.1　需要监测的参数和数据

详见表 4.2。

表 4.2　需要监测的参数及说明

编号	参数	参数描述	单位	监测方法和程序
1	$NCV_{n,\,y}$	第 y 年类别 n 的秸秆废弃物的净热值	GJ/干基 t	须有资质的实验室根据国家相关标准测量干基净热值

编号	参数	参数描述	单位	监测方法和程序
2	NCV_{fossil}	化石燃料的净热值	GJ/t	须有资质的实验室根据国家相关标准测量净热值
3	NCV_{gas}	每单位体积天然气的净热值	GJ/m³	须有资质的实验室根据国家相关标准测量净热值
4	$NCV_{liquidgas}$	每单位体积液化气的净热值	GJ/m³	须有资质的实验室根据国家相关标准测量净热值
5	NCV_{wood}	类别 n 的薪柴的净热值	GJ/干基 t	须有资质的实验室根据国家相关标准测量净热值
6	$BR_{n, B1/B3, y}$	第 y 年秸秆沼气工程活动所对应的基准线情景 B1 或 B3 的类别 n 的秸秆废弃物的数量	干基 t	使用称重仪器。根据湿度计算秸秆干基数量
7	fw	秸秆含水率	%	使用水分测定仪，用于计算秸秆干基数量
8	$FF_{i, fossil, y}$	第 y 年第 i 户消耗的化石燃料的数量	t	使用重量计量表，连续监测，参考农户记录
9	$FF_{i, electric, y}$	第 y 年第 i 户农户消耗的电量	MWh	使用精度为至少 0.5 级的电能计量表，至少每年校验一次
10	$FF_{i, gas, y}$	第 y 年第 i 户农户消耗的天然气数量	m³	使用天然气流量计，参考农户记录
11	$FF_{i, liquidgas, y}$	第 y 年第 i 户农户消耗的液化气数量	m³	使用液化气流量表，参考农户记录
12	$FF_{i, straw, y}$	第 y 年第 i 户农户消耗的秸秆数量	t	使用重量计量表，连续监测，参考农户记录
13	$FF_{i, wood, y}$	第 y 年第 i 户农户消耗的薪柴数量	t	使用重量计量表，连续监测，参考农户记录
14	H_{stove}	户用沼气灶的平均使用时间	h	选取样本，对抽样农户进行跟踪记录
15	$FF_{m, y}$	工程消耗的 m 种类型化石燃料的数量	t	通过地磅等重量计量表，参考业主记录
16	$PEE_{e, y}$	第 y 年工程消耗的电量总量	MWh	使用精度为至少 0.5 级的电能计量表，至少每年校验一次
17	$FR_{f, y}$	第 y 年内秸秆运输活动 f 运输的总重量	湿基 t/年	使用地磅计量
18	$D_{f, y}$	第 y 年内秸秆运输活动 f 的往返距离	km	通过里程表或其他合适来源如司机或业主记录
19	$BG_{burnt, y}$	第 y 年通过火炬焚烧的沼气	m³	沼气流量计测量
20	$W_{CH_4, y}$	第 y 年沼气中甲烷的含量	%	采样，由有资质的实验室根据国家相关标准测量

（续表）

编号	参数	参数描述	单位	监测方法和程序
21	D_{CH_4}	第 y 年在沼气的温度和压力条件下甲烷的密度	t/m^3	采样，由有资质的实验室根据国家相关标准测量

4.6.2　监测仪器与要求

4.6.2.1　监测仪器

（1）地磅/电子皮带秤，用于监测消耗的秸秆废弃物、化石燃料（煤炭）和产出的沼肥重量。

（2）水分测定仪，用于监测秸秆的湿度。

（3）电表，用于监测大型秸秆沼气工程电力消耗。

（4）沼气流量计，用于监测工程沼气产出和沼气使用端用量。

（5）甲烷分析仪，用于监测沼气中甲烷的含量。

（6）天然气流量计、液化气流量表，用于监测基准线情景下农户炊事用能量。

（7）里程表，用于监测秸秆与沼肥运输活动的距离。

4.6.2.2　监测要求

（1）工程系统的检查。工程启动前，为了保障设备正常运行并符合操作规范要求，需要对系统进行检查和验收测试（试运转），并记录每个系统的安装日期；对项目边界内的每个发酵器进行现场核查。

（2）依据《CDM 项目活动和活动方案的抽样和调查标准》对抽样的相关规定，在对农户进行跟踪监测时，要利用工程的有效统计样本结合抽样设计、居住和人口差异数据确定样本容量和对象。

（3）遵循 EB 的"小项目 CDM 方法学的通用指南"中的相关要求，为确保精度，项目活动所使用的流量计、取样设备和气体分析仪等所有的仪表仪器应按照行业实践进行定期维修、测试和校准。

第 5 章　大型秸秆沼气工程温室气体减排量计算

——以河北青县耿官屯秸秆沼气集中供气工程为例

本章以位于河北省沧州市青县耿官屯的大型秸秆沼气集中供气工程为例，选取2014年1月1日到2014年12月31日为一个监测期，应用前章所述大型秸秆沼气工程温室气体减排计量方法，对该工程2014年温室气体减排量进行了案例分析，分别计算了基准线排放量、工程排放量与泄漏量，在此基础上得出了该工程温室气体减排量。

5.1 研究对象简介

5.1.1 工程建设内容与规模

耿官屯秸秆沼气集中供气工程，占地面积8亩（$1hm^2 = 15$亩，全书同），总投资约700万元，共建有发酵罐3个、储气罐8个，发酵池容共计1 650 m^3，日产气量为1 330 m^3，供气户数1 900户。工程年消耗青贮玉米秸秆3 924 t（含水率60%左右），年产沼渣2 731.84 t（固液分离后的沼渣，含水率60%，下同）、干物质重1 092.74 t，沼液全部回流。工程配备有完整的发酵原料的预处理（收集、除砂、粉碎、调节、计量等）系统；进出料系统；回流、搅拌系统；沼气的净化、储存、输配和利用系统；计量系统；安全保护系统；沼渣、沼液后处理系统。详见表5.1、表5.2。

表 5.1　耿官屯秸秆沼气集中供气工程主要建筑物和构筑物

编号	名称	单位	数量	备注
1	秸秆储存厂	个	1	砖混结构
2	秸秆预处理车间	间	1	砖混结构
3	发酵罐	个	3	钢板焊接
4	储气罐	个	8	钢板焊接
5	锅炉房	间	1	砖混结构
6	沼渣堆放池	个	1	砖混结构
7	综合办公楼	栋	1	砖混结构
8	综合仓库	间	1	砖混结构
9	输气管网	m	—	—
10	围墙	m	—	砖混结构

表 5.2　耿官屯秸秆沼气集中供气工程主要仪器设备

编号	名称	数量	编号	名称	数量
1	照明系统	1套	12	秸秆粉碎机	1台

（续表）

编号	名称	数量	编号	名称	数量
2	地磅	2 台	13	进料泵	1 台
3	避雷装置	1 套	14	搅拌机	1 台
4	消防器材	2 套	15	凝水器	1 台
5	电力电缆	1 套	16	脱水器	1 台
6	太阳能供热系统	1 套	17	化学脱硫器	2 台
7	锅炉及热水循环泵	1 台	18	固液分离机	1 台
8	正负压保护器	1 台	19	皮带输送机	1 台
9	装载机	2 辆	20	沼气流量计	1 套
10	运输车	2 辆	21	管道、阀门	1 套
11	恒压变频控制柜	1 个	22	鼓风机	2 台

5.1.2　工程工艺技术

耿官屯秸秆沼气集中供气工程以玉米秸秆为主要发酵原料，采取中温高浓度发酵工艺，使用秸秆粉碎机将除砂后的秸秆粉碎成 8 mm 左右粗粉状，将秸秆同畜禽粪便、秸秆发酵剂等辅料按照一定比例混合均匀，调节 pH 值 6.8~7.5 范围内，调节 C/N，加一定量的热水，以搅拌机、泵为动力，将发酵混合原料打入沼气发酵罐，在 30~55 ℃的环境下进行发酵，进料时同时把流出的沼液回流到反应装置。顶部进料底部出料。发酵装置采用聚氨脂发泡保温，保温效果好。同时，该工程采用热水锅炉与太阳能热水器联合增温，太阳能集热器真空管数量为 570 根（φ58 mm，长度 1 800 mm），热水锅炉主要用于冬季增温，运行期为 2 个月。具体工艺技术流程如图 5.1 所示。

5.2　基准线排放量计算

耿官屯秸秆沼气集中供气工程温室气体基准线排放量计算公式为：

$$BE_y = BE_{SU,\,y} + BE_{HE,\,y} + BE_{FP,\,y} \qquad （公式 5.1）$$

其中：BE_y = 第 y 年基准线排放量（t CO$_2$）；$BE_{SU,\,y}$ = 第 y 年秸秆无控焚烧的排放量（t CO$_2$）；$BE_{HE,\,y}$ = 第 y 年农村居民生活用能所产生的温室气体排放量（t CO$_2$）；$BE_{FP,\,y}$ = 第 y 年农田施用的化肥生产耗能产生的温室气体排放量（t CO$_2$）。

结合青县无大型秸秆沼气工程时的情景，秸秆处理方式（$BE_{SU,\,y}$）选择无控焚烧，基准线重点考虑 3 个方面。

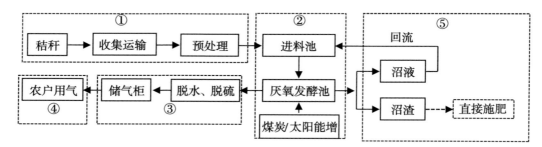

①秸秆收集与处理子系统；②厌氧发酵子系统；③净化贮存子系统；④管网供气子系统；
⑤沼肥利用子系统

图 5.1　秸秆沼气集中供气工程工艺流程

（1）3 924 t 玉米秸秆无控焚烧的温室气体排放。

（2）1 900 个农户未使用沼气时炊事活动的温室气体排放。

（3）2 731.84 t 沼肥所替代掉的化肥生产能耗温室气体排放。

5.2.1　玉米秸秆无控焚烧的温室气体排放

计算公式如下：

$$BE_{SU,\,y} = GWP_{CH_4} \times \sum_n BR_{n,\,B1/B3,\,y} \times NCV_{n,\,y} \times EF_{BR,\,n,\,y}$$

（公式 5.2）

其中：$BE_{SU,\,y}$ = 第 y 年秸秆废弃物无控焚烧的基准线排放量（t CO_2）；GWP_{CH_4} = 甲烷的全球温升潜势值（t CO_2/tCH_4）；$BR_{n,\,B1/B3,\,y}$ = 第 y 年秸秆沼气工程活动所对应的基准线情景 B1 或 B3 的类别 n 的秸秆废弃物的数量（干基 t），即为第 y 年大型秸秆沼气工程利用的废弃秸秆数量；$NCV_{n,\,y}$ = 第 y 年类别 n 的秸秆废弃物的净热值（GJ/干基 t）；$EF_{BR,\,n,\,y}$ = 第 y 年类别 n 的秸秆废弃物无控燃烧的甲烷排放因子（t CH_4/GJ）。

根据式（5.2）计算，基准线情景下玉米秸秆无控焚烧的温室气体排放量为 889.66 t CO_2，相关参数及计算结果见表 5.3。

表 5.3　玉米秸秆无控焚烧的温室气体排放

项目	$BR_{n,\,B1/B3,\,y}$（干基 t）	$EF_{BR,\,n,\,y}$（t CH_4/GJ）	$NCV_{n,\,y}$（GJ/干基 t）	GWP_{CH_4}（t CO_2/t CH_4）	$BE_{SU,\,y}$（t CO_2）
代码	A	E1	C	D	B1
数据	1 570	0.001971[①]	11.50	25	889.66

（续表）

项目	$BR_{n,\ B1/B3,\ y}$ （干基 t）	$EF_{BR,\ n,\ y}$ （t CH_4/GJ）	$NCV_{n,\ y}$ （GJ/干基 t）	GWP_{CH_4} （t CO_2/t CH_4）	$BE_{SU,\ y}$ （t CO_2）
数据来源	调研结果	《CM-092-V01》[②]	IPCC	IPCC	B1 = A×E1×C×D

注：①在很多情况下甲烷排放因子（$EF_{BR,n,y}$）的不确定性非常高。考虑到这一点并为了保守估算减排量，必须采用保守的甲烷排放因子。甲烷排放因子在不同的不确定性范围内，对应着不同的保守系数。参考 IPCC，使用甲烷排放因子默认值 0.0027 t CH_4/GJ 时，对应的保守系数为 0.73。因此，应使用的排放因子为 0.001971 t CH_4/GJ。

②国家温室气体自愿减排方法学（第三批）备案清单《CM-092-V01 纯发电厂利用生物废弃物发电》。

5.2.2　农户未使用沼气时炊事活动的温室气体排放

笔者在 2014 年对当地农户进行调研时，农户已经使用沼气作为炊事燃料。开展实测实施难度较大，参考国家温室气体自愿减排方法学《CMS-001-V01 用户使用的热能，可包括或不包括电能》（发改办气候备〔2016〕36 号文将其修订后为《CMS-001-V02 用户使用的热能，可包括或不包括电能》）确定基准线排放的一般性条件中，"对替代化石燃料技术的可再生能源技术来说，简化的基准线为，在无该项目活动情况下使用的技术所消耗的燃料量乘以所替代的化石燃料的排放因子。"本研究在计算时采用简化的基准线，将未使用沼气前农户炊事用能统一视为煤炭，通过计算与 2014 年大型秸秆沼气工程为农户提供的净热量等值时所消耗的煤炭的数量来计算该基准线下温室气体排放量，计算如下：

$$BE_{HE,\ y} = BE_{thermal,\ CO_2,\ y} = EG_{thermal,\ y}/\eta_{BL,\ thermal} \times EF_{FF,\ CO_2} \times N$$

（公式 5.3）

其中：$BE_{thermal,\ CO_2,\ y}$ = 第 y 年沼气工程供能所对应的基准线排放量（t CO_2）；$EG_{thermal,\ y}$ = 第 y 年单个农户使用来自沼气工程供气产生的净热量（GJ）；$\eta_{BL,\ thermal}$ = 基准线炉灶的效率（%）；$EF_{FF,\ CO_2}$ = 基准线情景农户所用化石燃料的 CO_2 排放因子（t CO_2/GJ）；N = 秸秆沼气工程供气户数。

第 y 年单个农户使用来自沼气工程供气产生的净热量为户用沼气灶第 y 年内燃烧沼气释放的热量，计算如下：

$$EG_{thermal,\ y} = KW_{thermal} \times H_{stove} \times DI \times 3.6 \times 10^{-3}$$　　（公式 5.4）

其中：$KW_{thermal}$ = 户用沼气灶的额定功率（KW）；H_{stove} = 第 y 年户用沼气灶的平均使用时间（h）；DI = 户用沼气灶的热效率（%）。

根据公式 5.3 与公式 5.4 计算，基准线情景下农户炊事活动的温室气体排放量为 4 769.32 t CO$_2$，相关参数及计算结果见表 5.4。

表 5.4　未使用沼气农户炊事活动温室气体排放

项目	$KW_{thermal}$ (kW)	H_{stove} (h)	DI (%)	$EG_{thermal,y}$ (GJ)	$\eta_{BL,thermal}$ (%)	EF_{FF,CO_2} (t CO$_2$/GJ)	N (户)	$BE_{HE,y}$ (t CO$_2$)
代码	F	G	H	I	J	E2	K	B2
数据	3.26	1 225	60	8.6260	30	0.0873	1 900	4 769.32
数据来源	调研结果	调研结果	苑瑞华(2001)	I=F×G×H×3.6×10^{-3}	农业部[①]	IPCC	调研结果	B2=I/J×E2×K

① 农业部《全国农村省柴节煤炉灶炕升级换代工程建设规划（2010—2015）》。

5.2.3　沼肥替代的化肥生产能耗温室气体排放

化肥种类众多，主要包括氮肥、磷肥、钾肥、复合肥料、微量元素肥料、某些中量元素肥料等。本研究选取需求量较大的氮、磷、钾肥作为主要研究对象，结合对耿官屯秸秆沼气集中供气工程产出沼肥的营养成分测定与分析，计算出耿官屯秸秆沼气集中供气工程 2014 年产出的 2 731.84 t 沼肥对氮肥、磷肥、钾肥的理论替代量，参考已有考证氮肥、钾肥、磷肥的生产能耗与温室气体排放情况的研究；计算被替代部分氮肥、钾肥、磷肥在生过程的温室气体排放。

5.2.3.1　沼渣肥的养分含量及理论替代量

参照《中国有机肥料养分志》，烘干基情况下，沼渣肥中全氮、全磷、全钾平均含量分别为 2.02%、0.84%、0.88%。耿官屯秸秆沼气工程年产沼渣 2 731.84 t（固液分离后的沼渣，含水率60%，下同），干物质重 1 092.74 t，测算耿官屯秸秆沼气集中供气工程氮肥、磷肥、钾肥理论替代量分别为结果如表 5.5 所示。

表 5.5　耿官屯秸秆沼气集中供气工程沼肥中有效氮、磷、钾含量（%）及其理论替代量（t）

项目（干基）	氮（N）	磷（P$_2$O$_5$）	钾（K$_2$O）
沼渣肥（%）[①]	2.022	0.839	0.884
1 092.74 t 沼肥理论替代量（t）	22.10	9.17	9.66

① 全国农业技术服务推广中心（1999）。

5.2.3.2　沼肥所替代掉的化肥生产能耗温室气体排放

计算公式如下：

$$BE_{fertilizer,\ y} = \sum_{d=1}^{n} FN_d EF_{N,\ CO_2} + FP_d EF_{P,\ CO_2} + FK_d EF_{K,\ CO_2}$$

（公式 5.5）

其中：$BE_{fertilizer,\ y}$ = 沼肥所替代的化肥在生产过程中生产耗能温室气体排放量（t CO_2）；FN_d = 沼渣替代的 N 量（t）；FP_d = 沼渣替代的 P_2O_5 量（t）；FK_d = 沼渣替代的 K_2O 含量（t）；$EF_{N,\ CO_2}$ = 氮肥生产的排放系数（t CO_2/t·N）；$EF_{P,\ CO_2}$ = 磷肥生产的排放系数（t CO_2/t·P_2O_5）；$EF_{K,\ CO_2}$ = 钾肥生产的排放系数（t CO_2/t·K_2O）。

本研究采用高春雨（2014）对桓台县农田 N_2O 排放量中测算所使用的系数作为本研究计算系数：4.85 t CO_2/（t·N）、0.71 t CO_2/（t·P_2O_5）、0.36 t CO_2/（t·K_2O），计算化肥在生产过程中的温室气体排放量。

参数选取与计算结果如表 5.6 所示。

表 5.6　沼肥替代化肥生产的能耗温室气体排放

项目	FN_d (t)	$EF_{N,\ CO_2}$ (t CO_2/(t·N))	FP_d (t)	$EF_{P,\ CO_2}$ (t CO_2/(t·P_2O_5))	FK_d (t)	$EF_{K,\ CO_2}$ (t CO_2/(t·K_2O))	$BE_{fertilizer,\ y}$ (t)
代码	M1	N1	M2	N2	M3	N3	B3
数据	22.10	4.85	9.17	0.71	9.66	0.36	117.17
数据来源	折算	（高春雨，2014）	折算	（高春雨，2014）	折算	（高春雨，2014）	B3=M1×N1+M2×N2+M3×N3

5.2.4　基准线排放量计算结果汇总

根据式（5.1）对上述计算结果进行汇总，2014 年耿官屯秸秆沼气集中供气工程基准线排放量为 5 776.15 t CO_2，其中：农户炊事用能产生的 CO_2 排放量为 4 769.32 t，占 82.57%；秸秆无控焚烧 CO_2 排放量为 889.66 t，占 15.40%；沼渣沼液替代的化肥，其生产产生的 CO_2 排放量为 117.17 t，占 2.03%。

5.3　项目排放量计算

耿官屯秸秆沼气集中供气工程项目排放量计算公式为：

$$PE_y = PE_{TR, \, y} + PE_{fossil, \, y} + PE_{electric, \, y} + PE_{flare, \, y} \qquad (公式 5.6)$$

其中：PE_y = 第 y 年项目排放量（t CO_2）；$PE_{fossil, \, y}$ = 第 y 年工程运行化石燃料消耗产生的排放（t CO_2）；$PE_{electric, \, y}$ = 第 y 年工程运行所耗电网电量产生的排放（t CO_2）；$PE_{flare, \, y}$ = 第 y 年沼气火炬焚烧排放量（t CO_2）；$PE_{TR, \, y}$ = 第 y 年内工程运输活动的排放（t CO_2/年）。

5.3.1 工程运输活动产生的排放

结合数据的获取情况，采用如下公式计算：

$$PE_{TR, \, y} = \sum_k BF_{PJ, \, k, \, y} / TL_{AW, \, y} \cdot AVD_{AW, \, y} \cdot EF_{km, \, CO_2, \, y} \qquad (公式 5.7)$$

其中：$PE_{TR, \, y}$ = 第 y 年内工程运输活动的排放（t CO_2/年）；$AVD_{AW, \, y}$ = 第 y 年运输活动平均往返距离（km）；$EF_{km, \, CO_2, \, y}$ = 第 y 年货车平均二氧化碳排放因子（t CO_2/km）；$BF_{PJ, \, k, \, y}$ = 第 y 年运输活动运输物品的总重量（t）；$TL_{AW, \, y}$ = 所用货车的平均载荷（t）。

根据式（5.7）计算，2014 年工程运输活动产生的温室气体排放量为 4.89 t CO_2，相关参数及计算结果见表 5.7。

表 5.7　工程运输活动产生的温室气体排放（2014 年）

项目	$BF_{PJ, \, k, \, y}$ （t）	$TL_{AW, \, y}$ （t）	$AVD_{AW, \, y}$ （km）	$EF_{km, \, CO_2, \, y}$ （t CO_2/（t·km））	$PE_{TR, \, y}$ （t CO_2）
代码	U	V	W	E3	P1
数据	6 655	5	15	2.45×10^{-4}	4.89
数据来源	项目计算	调研结果	调研结果	CDM 方法学[①]	P1 = U/V×W×E3

① CDM 方法学《公路货运导致的项目和泄漏排放计算工具第 01.1.0 版》。

5.3.2 工程运行化石燃料消耗排放

2014 年耿官屯秸秆沼气集中供气工程所消耗化石燃料的排放量为工程在 2014 年内所消耗的化石燃料数量与该种类型化石燃料净热值以及其 CO_2 排放因子的乘积，计算如下：

$$PE_{fossil, \, y} = \sum_m FF_{m, \, y} \times NCV_m \times EF_{CO_2, \, m, \, y} \qquad (公式 5.8)$$

其中：$PE_{fossil, \, y}$ = 第 y 年工程运行化石燃料消耗产生的排放（t CO_2）；$FF_{m, \, y}$ = 工程

运行消耗的 m 种类型化石燃料的数量（t/年）；NCV_m = 第 m 种类型化石燃料的净热值（GJ/干基 t）；$EF_{CO_2, m, y}$ = 第 m 种类型化石燃料的 CO_2 排放因子（t CO_2/GJ）。

耿官屯秸秆沼气集中供气工程采用热水锅炉与太阳能热水器联合增温，化石燃料的消耗主要是煤，用于冬季锅炉燃煤增保温。在监测期内（2014.1.1—2014.12.31），耿官屯秸秆沼气集中供气工程共计燃煤 12.5 t，数据由业主记录提供。

根据式（5.8）计算，2014 年工程运行化石燃料消耗的温室气体排放量为 9.14 t CO_2，相关参数及计算结果见表 5.8。

表 5.8　工程运行化石燃料消耗的温室气体排放（2014 年）

项目	$FF_{m, y}$ （t）	NCV_m （GJ/干基 t）	$EF_{CO_2, m, y}$ （t CO_2/GJ）	$PE_{fossil, y}$ （t CO_2）
代码	C1	Z	E2	P2
数据	12.5	8.374	0.0873	9.14
数据来源	调研结果	《中国能源统计年鉴 2014》	IPCC	P2=C1×Z×E2

5.3.3　工程运行电力消耗产生的排放

2014 年耿官屯秸秆沼气集中供气工程运行电力消耗产生的排放计算如下：

$$PE_{electric, y} = \sum_e EE_{e, y} \times EF_{e, y} \qquad （公式 5.9）$$

其中：$PE_{electric, y}$ = 第 y 年工程运行所耗电网电量产生的排放（t CO_2）；$EE_{e, y}$ = 工程运行消耗的电量总量（MW·h/年）；$EF_{e, y}$ = 第 y 年区域电网的 CO_2 排放因子（t CO_2/MW·h）。

通过对耿官屯秸秆沼气集中供气工程的调研与工程运行日耗电情况进行监测，获得其日耗电量及相关设备运行情况详单，如表 5.9 所示。

表 5.9　耿官屯秸秆沼气集中供气工程日耗电量及详单

序号	设备名称	数量	功率 （kW）	日运行时间 （h）	日总耗电量 （kW·h）
1	进料泵	1 台	5.5	0.5	2.75
2	循环泵	1 台	7.5	1	7.5
3	固液分离机	1 台	5.5	0.8	4.4
4	皮带传送机	1 台	12	0.5	6

（续表）

序号	设备名称	数量	功率（kW）	日运行时间（h）	日总耗电量（kW·h）
5	鼓风机	2 台	5.5	2	22
6	粉碎机	1 台	45	1	45
7	照明等	1 套	5	5	25
合计		8 台套	—	—	112.65

根据式（5.9）计算，2014 年工程运行电力消耗产生的温室气体排放量为 43.50 t CO_2，相关参数及计算结果见表 5.10。

表 5.10　耿官屯秸秆沼气集中供气工程运行电力消耗产生的排放（2014 年）

项目	$EE_{e,y}$（MW·h/年）	$EF_{e,y}$（t CO_2/（MW·h））	$PE_{electric,y}$（t CO_2）
代码	C2	E4	P3
数据	41.12	1.058	43.50
数据来源	调研结果	《2014 年中国区域电网基准线排放因子》	P3 = C2×E4

5.3.4　沼气火炬燃烧排放量

耿官屯秸秆沼气集中供气工程日产沼气 1 330 m^3，年产沼气 48.54 万 m^3，供 1 900 农户家庭炊事燃用，多余的沼气由 8 个储气罐储存。在监测期内未发现有多余沼气火炬燃烧现象，故 2014 年沼气火炬燃烧排放量为 0。

5.3.5　项目排放量计算结果汇总

根据式（5.6）对上述计算结果进行汇总，2014 年耿官屯秸秆沼气集中供气工程项目排放量为 57.53 t CO_2，其中：工程运行电力消耗产生的温室气体 CO_2 排放量为 43.50 t，占 75.61%；工程运行化石燃料消耗的温室气体 CO_2 排放量为 9.14 t，占 15.89%；工程运输活动产生的温室气体 CO_2 排放量为 4.89 t，占 8.50%。

5.4　泄漏量计算

本研究将沼气管网供应过程中产生的因物理泄漏所造成的排放考虑为泄露，计算如下：

$$LE_y = BG_{LEAK, y} \cdot W_{CH_4, y} \cdot D_{CH_4} \cdot GWP_{CH_4} \qquad （公式 5.10）$$

其中：LE_y ＝第 y 年项目泄露排放量（t CO_2）；$BG_{LEAK, y}$ ＝第 y 年沼气的泄漏量（m^3）；$W_{CH_4, y}$ ＝第 y 年沼气中甲烷的含量（%）；D_{CH_4} ＝第 y 年在沼气的温度和压力条件下甲烷的密度（t/m^3）；GWP_{CH_4} ＝甲烷的全球温升潜势值（t CO_2/t CH_4）。

秸秆沼气集中供气工程沼气泄漏环节主要包括沼渣沼液出料池、储气袋、净化设备、压缩机、压力表、法兰、开关等。CDM 方法学 AMSIII. D 中泄漏默认值为 10%。徐攀等（2013）对北京某猪场的 4 个 CSTR 发酵池（单体池容 250 m^3，总容积 1 000 m^3）、2 个 USR 发酵池（发酵池容积分别为 500 m^3 和 700 m^3），采用复合式气体检测仪（QRAE Plus PGM—2000）进行了沼气泄漏检测，其结果为 CSTR 和 USR 的 CH_4泄漏比例分别为 0.6% 和 3%。王永杰（2012）对户用沼气出料间沼气泄漏进行了检测，发现一个 8 m^3 的普通沼气池的出料间平均产气率达到了 6 L/（$m^3 \cdot d$），最高日产气量（143 L）达到了当日主消化池产气量的（770 L）19%，6 天总产气量（373 L）达到了主消化池（4 069 L）的 9.2%。

按照耿官屯秸秆沼气集中供气工程多年的供气记录，沼气工程仪表记录的产气量与根据沼气用户仪表记录汇总的用气量之间的差额，最高年份为 5.7%（2010 年），最低年份为 2.1%（2012 年），平均为 3% 左右。本研究在不考虑仪表计量误差的情况下，将产气量与用气量之间的误差作为沼气泄漏量看待，取值为 3%。

根据公式（5.10）计算，2014 年耿官屯秸秆沼气集中供气工程泄漏导致的温室气体排放量为 136.59 t CO_2，相关参数及计算结果见表 5.11。

表 5.11　耿官屯秸秆沼气集中供气工程泄漏排放（2014 年）

项目	$BG_{LEAK, y}$（m^3）	$W_{CH_4, y}$（%）	D_{CH_4}（t/m^3）	GWP_{CH_4}（t CO_2/tCH_4）	LE_y（t CO_2）
代码	R	S	T	D	L
数据	14 562	56	0.00067	25	136.59
数据来源	计算结果	实测值	《CMS-021-V01》[①]	IPCC	L=R×S×T×D

① 国家温室气体自愿减排方法学（第一批）备案清单《CMS-021-V01 动物粪便管理系统甲烷回收（第一版）》。

5.5　减排量计算

2014 年耿官屯秸秆沼气集中供气工程温室气体减排量等于基准线排放量减去工程温室气体排放量和泄漏量，用公式表示，如下：

$$ER_y = BE_y - PE_y - LE_y \qquad\qquad (公式 5.11)$$

其中：ER_y＝第 y 年大型秸秆沼气工程温室气体减排量（t CO_2）；BE_y＝第 y 年基准线排放量（t CO_2）；PE_y＝第 y 年项目排放量（t CO_2）；LE_y＝第 y 年项目泄露排放量（t CO_2）。

根据式（5.11）计算，2014 年耿官屯秸秆沼气集中供气工程基准线 CO_2 排放量为 5 776.15 t，项目排放量为 57.53 t，相当于基线排放量的 1.00%；CO_2 泄漏量为 136.59 t，相当于基线排放量的 2.36%；CO_2 减排量为 5 582.03 t（表 5.12），相当于基线排放量的 96.64%。项目减排量相当于项目生产能耗和泄露排放量的 28.76 倍。

耿官屯秸秆沼气集中供气工程年消耗青贮秸秆 3 924 t（含水率 60% 左右），折干重约 1 570 t，年产沼气 48.54 万 m³。据此计算，该沼气工程每消耗 1t（干重）秸秆可净减排 CO_2 3.56 t，每利用 1 m³ 沼气可净减排 CO_2 11.50 kg。

根据《NY/T 2142—2012 秸秆沼气工程工艺设计规范》要求，秸沼气工程的设计使用年限不低于 25 年，按使用最低设计使用年限 25 年计算，耿官屯秸秆沼气集中供气工程至少可实现 CO_2 减排 13.96 万 t。

表 5.12　耿官屯秸秆沼气集中供气温室气体减排量计量（2014 年）

项目	基准线排放量（t CO_2）				项目排放量（t CO_2）					泄漏量（t CO_2）	减排量（t CO_2）
	小计	$BE_{SU,y}$	$BE_{HE,y}$	$BE_{FP,y}$	小计	$PE_{TR,y}$	$PE_{fossil,y}$	$PE_{electric,y}$	$PE_{flare,y}$	LE_y	ER_y
减排属性	＋	＋	＋	＋	－	－	－	－	－	－	±
数据	5 776.15	889.66	4 769.32	117.17	57.53	4.89	9.14	43.50	0	136.59	+5 582.03

5.6　结　论

从耿官屯秸秆沼气集中供气工程来看，年减排 CO_2 量 5 582.03 t，约相当于 2 100 t 标准煤的 CO_2 排放量。因此，发展秸秆沼气集中供气工程具有显著的温室气体减排效果。

在工程总排放（工程排放量与泄漏量之和）方面，温室气体排放贡献排序依次是：泄漏量>工程运行电耗排放>工程运行燃煤能耗排放>工程运输活动排放。其中，泄漏量占到了工程总排放的 70.36%，工程运行电耗排放占 22.41%，燃煤能耗排放占 4.71%，运输活动能耗（燃油）排放占 2.52%。通过对耿官屯秸秆沼气集中供气工程的监测，粉碎机的耗电量占到了工程运行总耗电的 39.95%。

第 6 章　大型秸秆沼气工程参与碳交易市场建议

6.1 大型秸秆沼气工程参与碳交易市场意义重大

将大型秸秆沼气工程巨大的减排潜力在碳交易市场中转化为丰厚的经济效益，实现生态效益与经济效益的双赢，意义重大。

大型秸秆沼气工程初期一次性投资大，运行成本高，工程经济效益低，更多的依靠的是国家政策的扶持和资金的补贴。我国现有的激励和补贴政策集中于工程建设方面，缺乏对原料收集、工程后期运行和终端产品补贴。目前我国大部分大型秸秆沼气工程在用地、用电、用水、税收、信贷等方面享受不到实惠，业主投入秸秆沼气工程的积极性受挫。实际情况是大型秸秆沼气工程市场化、产业化、规模化的道路还较为漫长。如果能将大型秸秆沼气工程的温室气体减排量在碳市场上出售，将会为工程带来显著经济效益，不仅有效提高大型秸秆沼气工程建设积极性，而且对我国节能减排工作作出贡献。

2002 年中国碳交易市场以 CDM 形式开始。随着《京都议定书》第一承诺期的完成，我国对碳交易有了更深入了解。2011 年国务院出台《关于开展碳排放权交易试点工作的通知》，提出逐步开展碳排放权即以配额+CCER 为核心的交易市场试点。2013 年 6 月 18 日，深圳率先建立碳排放权交易市场，标志着国内碳交易配额交易型市场启航。2014 年，北京市、天津市、上海市、重庆市、湖北省、广东省及深圳市 7 个试点已经全部启动上线交易。2015 年 9 月，习近平主席和时任美国总统奥巴马联合发布《中美元首气候变化联合声明》，明确提出我国计划于 2017 年启动覆盖钢铁、电力、化工、建材、造纸和有色金属等重点工业行业的全国碳排放交易体系。2016 年 4 月 22 日，中国签署《巴黎协定》，承诺将积极做好国内的温室气体减排工作，加强应对气候变化的国际合作，展现了全球气候治理大国的巨大决心与责任担当。在此背景下，我国碳市场建设的步伐进一步加快。

国务院在 2016 年 12 月 20 日印发了《"十三五"节能减排综合工作方案》，明确提出推进农业农村节能，因地制宜采用生物质能、太阳能、空气热能、浅层地热能等解决农房采暖、炊事、生活热水等用能需求，提升农村能源利用的清洁化水平鼓励使用生物质可再生能源。大力推动农作物秸秆、林业"三剩物"（采伐、造材和加工剩余物）、规模化养殖场粪便的资源化利用，因地制宜发展各类沼气工程和燃煤耦合秸秆发电工程。建立市场化交易机制。健全用能权、排污权、碳排放权交易机制，创新有偿使用、预算管理、投融资等机制，培育和发展交易市场。推进碳排放权交易，2017 年启动全国碳排放权交易市场。

2017 年 1 月 25 日，国家发改委、农业部近日联合印发《全国农村沼气发展"十三五"规划》（以下简称《规划》），《规划》提出，坚持政府支持、企业主体、市场化运作的方针，大力推进沼气工程建设和运营的市场化、企业化、专业化，创新政府投入方式，健全政府和社会资本合作机制，积极引导各类社会资本参与，政府采用投资补助、产业投资基金注资、股权投资、购买服务等多种形式对沼气工程建设给予支持。支持地方政府建立运营补偿机制，鼓励通过项目有效整理打包，提高整体收益能力，保障社会资本获得合理投资回报。研究出台政府和社会资本合作（PPP）实施细则，完善行业准入标准体系，去除不合理门槛。积极支持技术水平高、资金实力强、诚实守信的企业从事规模化沼气项目建设和管理，鼓励同一专业化主体建设多个沼气工程。积极探索碳排放权交易机制，鼓励专业化经营主体完善沼气碳减排方案，开展碳排放权交易试点。可见，大型秸秆沼气工程参与到碳排放交易机制中是有极大的可行性和美好的前景。

6.2　大型秸秆沼气工程提升自身减排能力对策

大型秸秆沼气工程以秸秆作为主要厌氧发酵原料，利用生物发酵技术，在达到农业秸秆废弃物资源化利用、无害化处理目标的同时，生产的沼气可以作为农村生活清洁能源，沼肥可以部分替代化肥，减少化石能源的消耗。大型秸秆沼气工程既有效利用了秸秆资源，又发展了低碳经济，带动农村能源消费结构改革，减少了以 CO_2、CH_4 为主的温室气体排放，具有显著的生态效益。但需要注意的是，大型秸秆沼气工程在实现温室气体减排的同时，其运行和管理过程中，也在释放着温室气体。大型秸秆沼气工程要参与到碳交易市场中，这部分的生态负效应应尽力降到最低。

以耿官屯秸秆沼气工程为例，年减排 CO_2 量 5 582.03 t，约相当于 2 100 t 标准煤的 CO_2 排放量。该项目 CO_2 排放量为 57.53 t，在工程总排放（工程排放量与泄漏量之和）方面，温室气体排放贡献排序依次是：泄漏量>工程运行电耗排放>工程运行燃煤能耗排放>工程运输活动排放。其中，泄漏量占到了工程总排放的 70.36%，工程运行电耗排放占 22.41%，燃煤能耗排放占 4.71%，运输活动能耗（燃油）排放占 2.52%。通过对耿官屯秸秆沼气集中供气工程的监测，粉碎机的耗电量占到了工程运行总耗电的 39.95%。从其运行和管理的实际情况来看，工程的排放主要集中在泄露和耗能两方面。

在降低大型秸秆沼气工程泄漏方面，主要从工程设计和管理着手。在工程设计方面，将秸秆沼气工程布局在农户居住较集中地区，减少管网的铺设；在管道设计方面，管道材料优先选用耐腐蚀、抗压好、环境适宜性强的材料，改法兰连接、螺纹连接为焊接，尽量减少漏气点；沼气工程采用全封闭生产工艺，产生沼气全封闭存储，并配置高灵敏检测设备，制定严格安保措施，确保沼气不泄漏，不对空气造成污染。在管理方面，加强日常巡检、维护和管理，加强对密封处检查，提高农户燃气灶操作规程的熟练度。

在减少工程耗能方面，秸秆物理预处理（粉碎）是工程运行耗电主要途径，重点加强工艺技术改良升级，减少秸秆预处理能耗。推广应用太阳能增温、生物质炉加温、沼气增温等清洁能源增温技术以及大棚温室保温技术措施，降低沼气工程冬季加温能耗。合理布局秸秆收储点以及沼肥处理中心，科学设计运输路径，提高运输效率，降低运输能耗。

在秸秆沼气工程增保温工艺优化方面，中国农业科学院农业资源与农业区划研究所毕于运研究员课题组通过对燃煤增温、太阳能增温、太阳能增温+燃煤补充增温、温室大棚保温（包括地下塞流式厌氧发酵装置沼气工程和地上塞流式厌氧发酵装置沼气工程）五种情景下沼气工程的冬季增温保温效果、投资成本以及能源投入产出情况等进行综合分析，认为北方地区沼气集中供气工程冬季增温保温工艺的优化方向应包括以下几个方面的内容。

（1）地下塞流式厌氧消化工艺用大棚保温，集热效果较好，能大大降低沼气工程系统在冬季的能耗，明显提高系统的能效比，且投资较低。塞流式沼气工程优先推广温室大棚保温+燃煤补充增温工艺。

（2）地上卧式的沼气发酵工程，适合供气户数不多的情况（原则上不超过1 000 m³），优先推广江苏徐州市贾汪区马庄村的太阳能温室大棚保温工艺。

（3）其他露天沼气工程，优先推广河北沧州市青县耿官屯太阳能增温+煤炭补充增温的工艺，其中的补充增温能源除煤炭以外，还可以使用电和生物质（如玉米芯、废旧木材等）。不推荐使用冬季自产沼气进行补充增温，这是因为：在没有其他外部热量输入的情况下，冬季沼气工程需要加热的时候产沼气少，夏季不需要加热的时候产沼气反而多。若按照冬季沼气需求进行工程设计，将使工程规模显著偏大，到夏季会有大量沼气剩余。反之，若按夏季沼气需求进行工程设计，将使工程规模显著偏小，在进行加热增温之余，很难满足供气需求。

（4）与传统增温工艺相比，太阳能加热增温对厌氧发酵过程可控性更好，无须开采和运输，既能满足沼气工程对温度的需求，又能节约传统化石能源，减少燃料对环境的污染，具有良好的环境效益、经济效益和社会效益。太阳能加热增温工艺的缺点是前期投入成本较高；存在较强的季节性，容易受天气状况影响，持久运行性较差；

地区适应性方面也相对较差，适宜在太阳能辐射强度大的地区应用。而太阳能联合加热增温系统能保证沼气工程正常产气，在适应性、节能性和运行持久性等方面具有明显优势。但同样存在初始投资成本较高、设备复杂度强的缺点。未来应加强对太阳能与其他可再生能源联合加热沼气池工艺的研发和应用，不断降低投资成本，突出太阳能联合加热增温的优越性。

大型秸秆沼气工程运行和管理过程的负效应是可以降到最低的，随着工艺技术的不断创新、管理水平的不断提升和新能源开发利用程度的不断提高，大型秸秆沼气工程的温室气体减排效应将得到最大发挥。

6.3　大型秸秆沼气工程参与碳交易市场探索

虽然推动大型秸秆沼气工程参与到碳交易市场意义重大，且具备理论上的可行性，但从目前来看，可操作性还较低，主要是因为市场尚未放开、减排方法学缺失、开展能力需提升等。

目前我国的碳交易市场主要针对的是钢铁、电力、化工、建材、造纸和有色金属等重点工业行业，参与主体初步考虑为业务涉及上述重点行业。这是政府基于我国当前国情制定的政策。对于大型秸秆沼气工程乃至农业领域温室气体减排领域而言，现在的市场尚未开放并不意味着大门永久的关闭。随着我国碳交易市场的逐步成熟完善，大型秸秆沼气工程参与碳交易市场指日可待，当前的研究应重点围绕做好参与准备工作，夯实基础，才能保证市场大门开放之时，大型秸秆沼气工程的减排潜力可以快速的换取为经济回报。

大型秸秆沼气工程温室气体减排方法学的缺失将阻碍大型秸秆沼气工程参与到碳交易市场。国家发改委气候司在对联合国清洁发展机制执行理事会已有清洁发展机制方法梳理转化和对内新申报方法学科学论证的基础上分 12 批备案国家温室气体减排方法学 200 个，其中常规项目自愿减排方法学 109 个，小型项目自愿减排方法学 86 个，农林项目自愿减排方法学 5 个，建立了符合我国国情的温室气体减排计算方法体系，但并没有明确可适用于的大型秸秆沼气工程项目减排方法学。本研究试图参考和借鉴国家发改委办公厅备案的自愿减排项目方法学、《联合国气候变化框架公约》（UNFCCC）有关清洁发展机制（CDM）下的方法学、工具、方式和程序和政府间气候变化专门委员会（IPCC）《国家温室气体清单编制指南》，结合我国大型秸秆沼气工程的发展现状，构建科学、合理、可操作，贴近生产实际，适用于大型秸秆沼气工程温室气体减排量计量方法体系。只有方法学的建立，才能科学定量的核算大型秸秆沼气工程的减排潜力，才能为决策机构提供数据依据，助推大型秸秆沼气工程参与到碳交易市场中。

在市场开放、有方法可依的基础上，提升实施主体开展能力尤为重要。首先需要解决的谁来成为实施主体。如果是由业主做实施主体，必然要将大量的人力、财力投入到核算、申请文件撰写中，从目前情况来看，具备这样能力的业主少之又少。考虑到秸秆沼气工程的公益性，建议由市级地方政府成立主管部门或委托有资质的第三方对行政区域内符合标准的大型秸秆沼气工程提供相关服务。支持主管部门设立专职人员负责碳排放权交易工作，组织制订工作实施方案，细化任务分工，明确时间节点，协同落实和推进各项具体工作任务。其次为开展做好资金保障，争取安排专项资金，专门支持碳排放权交易相关工作。重点扶持具备技术能力的机构，建立技术支撑队伍，为制定和实施相关政策措施提供技术支持。

参与碳交易过程中，建议采用整合打包的方式，以市级为单位，由主管部门或第三方牵头整合市行政区域内的大型秸秆沼气工程，集中打包减排量，参与交易，收取少量服务费，这样也能降低大型秸秆沼气工程业主参与成本。也可由政府进行采购，这样可以缩短业主回报周期。

第 7 章　结论与展望

7.1 主要研究结论

本研究聚焦大型秸秆沼气工程，参考 CDM 方法学和国家温室气体自愿减排方法学，构建了大型秸秆沼气工程温室气体减排量计量方法，结合实地调研，运用建立的大型秸秆沼气工程温室气体减排计量方法，评估了河北省沧州市青县耿官屯秸秆沼气工程的减排潜力。选取 2014 年 1 月 1 日至 2014 年 12 月 31 日为一个监测期，以河北省沧州市青县耿官屯秸秆沼气工程作为典型案例，采用实测数据，对该工程 2014 年温室气体减排量进行了案例分析，分别计算了基准线排放量、工程排放量与泄漏量，在此基础上得出了该工程温室气体减排量，定量评价了耿官屯秸秆沼气工程的减排能力，并提出了大型秸秆沼气工程减排策略。

（1）论述了我国大型秸秆沼气工程的发展历程、主要工艺模式。近年来，我国秸秆沼气技术发展取得较大突破，秸秆沼气集中供气工程规模不断扩大，呈现出工艺技术多元化、标准体系健全化、工程管理规范化的特点。根据规模大小、发酵过程、发酵原料、发酵温度、增保温方式的不同，构建了秸秆沼气工程模式分类体系。分析了覆膜槽干式、车库（集装箱）式和红泥塑料、完全混合式、自载体生物、分离式两相和一体化两相厌氧厌氧发酵工艺等七大工艺的工艺流程、技术特点及运行情况，最后指出我国大型秸秆沼气工程存在着自负盈亏能力差、资金投入不足，秸秆收储运体系不健全，激励与补贴政策不到位，沼气工程规模较小、运行不稳定等方面的问题。

（2）建立了大型秸秆沼气工程温室气体减排计量方法。参考和借鉴自愿减排项目方法学、清洁发展机制（CDM）方法学、工具、方式、程序和政府间气候变化专门委员会（IPCC）《国家温室气体清单编制指南》，构建了大型秸秆沼气工程温室气体减排计量方法，包括项目边界、基准线排放量计算、工程排放量计算、泄漏量计算、减排量计算、项目监测六部分内容。项目边界包括大型秸秆沼气工程的运行、秸秆燃烧、沼肥处理、运输过程、肥料生产等内容。基准线排放包括秸秆处理、农村居民生活用能、化肥生产耗能产生的温室气体排放。工程排放量主要考虑工程运输活动、电耗、化石燃料消耗、多余沼气火炬燃烧产生的排放。泄漏量主要指沼气管网供应过程中产生的因物理泄漏所造成的排放。减排量等于基准线排放量减去工程温室气体排放量和泄漏量。

（3）评估了耿官屯秸秆沼气集中供气工程温室气体减排潜力。2014 年耿官屯秸秆沼气集中供气工程基准线排放量为 5 776.15 t CO_2，农户炊事用能产生的 CO_2 排放量为 4 769.32 t，占 82.57%；秸秆无控焚烧 CO_2 排放量为 889.66 t，占 15.40%；沼渣沼液替代的化肥，其生产产生的 CO_2 排放量为 117.17 t，占 2.03%。项目排放量为 57.53 t，相当于基线排放量的 1.00%，其中工程运行电力消耗产生的温室气体 CO_2 排放量为 43.50 t，占 75.61%；工程运行化石燃料消耗的温室气体 CO_2 排放量为 9.14 t，占 15.89%；工程运输活动产生的温室气体 CO_2 排放量为 4.89 t，占 8.50%。CO_2 泄漏量为 136.59 t，相当于基线排放量的 2.36%。CO_2 减排量为 5 582.03 t，相当于基线排放量的 96.64%。项目减排量相当于项目生产能耗和泄漏排放量的 28.76 倍。耿官屯秸秆沼气集中供气工程年消耗青贮秸秆 3 924 t（含水率 60% 左右），折干重约 1 570 t，年产沼气 48.54 万 m^3。据此计算，该沼气工程每消耗 1 t（干重）秸秆可净减排 CO_2 3.56 t，每利用 1 m^3 沼气可净减排 CO_2 11.50 kg。根据《NY/T 2142—2012 秸秆沼气工程工艺设计规范》要求，秆沼气工程的设计使用年限不低于 25 年，按使用最低设计使用年限 25 年计算，耿官屯秸秆沼气集中供气工程至少可实现 CO_2 减排 13.96 万 t。

（4）提出了提升大型秸秆沼气工程温室气体减排能力的策略。在工程总排放（工程排放量与泄漏量之和）方面，温室气体排放贡献排序依次是：泄漏量>工程运行电耗排放>工程运行燃煤能耗排放>工程运输活动排放。其中，泄漏量占到了工程总排放的 70.36%，工程运行电耗排放占 22.41%，燃煤能耗排放占 4.71%，运输活动能耗（燃油）排放占 2.52%。通过对耿官屯秸秆沼气集中供气工程的监测，粉碎机的耗电量占到了工程运行总耗电的 39.95%。在工程设计方面，将秸秆沼气工程布局在农户居住较集中地区，减少管网的铺设；在管道设计方面，管道材料优先选用耐腐蚀、抗压好、环境适宜性强的材料，改法兰连接、螺纹连接为焊接，尽量减少漏气点；在管理方面，加强日常巡检、维护和管理，加强对密封处检查，提高农户燃气灶操作规程的熟练度。秸秆物理预处理（粉碎）是工程运行耗电主要途径，重点加强工艺技术改良升级，减少秸秆预处理能耗。推广应用太阳能增温、生物质炉加温、沼气增温等清洁能源增温技术以及大棚温室保温技术措施，降低沼气工程冬季加温能耗。合理布局秸秆收储点以及沼肥处理中心，科学设计运输路径，提高运输效率，降低运输能耗。

7.2　主要创新点

突破现有大型秸秆沼气工程温室气体减排量计算方法的局限，构建适用于大型秸秆沼气工程温室气体减排量计量方法体系。本研究将 CDM 方法学给出的温室气体减排量计算方法与国家发改委《国家温室气体自愿减排方法学》给出的温室气体减排量计算方法进行整合，确定了大型秸秆沼气工程温室气体减排基准线，综合考虑秸秆收集与预处理、沼气厌氧发酵、沼气储存与管网集中供气各环节的温室气体排放源以及泄露情况，分别估算了基准线排放量、项目排放量、泄漏量，从而构建起适用于大型秸秆沼气工程温室气体减排量测算方法体系，为推动大型秸秆沼气工程生态补偿或碳交易提供理论和方法支撑。

在沼渣沼液利用减排计量方面，提出了沼渣沼液有效养分替代化肥生产的温室气体减排计算方法，开辟了沼渣沼液利用减排计量的新思路，丰富了沼渣沼液利用减排的研究内容。

7.3　研究展望

（1）大型秸秆沼气工程温室气体减排计量参数研究是急需开展的研究工作。本研究在计算参数选取方面，采用了较多 IPCC 的默认值，为使秸秆沼气集中供气工程温室气体减排计量更为精确，将进一步加强相关参数的研究。

（2）大型秸秆沼气工程温室气体减排工艺模式优化研究是未来重要研究方向。秸秆沼气工艺技术、工程规模、原料以及区域的差异影响秸秆沼气工程温室气体减排量，探索不同因素与秸秆沼气工程温室气体减排效果间的变量关系，构建适用于我国不同区域的秸秆沼气工艺模式和减排措施。

（3）大型秸秆沼气工程温室气体减排碳交易与生态补偿研究是未来研究热点。伴随着我国碳贸易市场的逐步建立，全国、区域性的大型秸秆沼气工程温室气体减排潜力评估工作将提上日程。迫切需要探索推动大型秸秆沼气工程参与碳贸易、具体的交易机制以及大型秸秆沼气工程获取生态补偿方式、补偿环节、补偿标准。

（4）大型秸秆沼气工程温室气体减排配套政策研究是未来重要研究内容。配合国家政策制定和大型秸秆沼气工程发展需要，着重开展大型秸秆沼气工程投资政策、补贴政策、区域布局规划，分析秸秆沼气工程相关群体利益连接机制，开展大型秸秆沼气工程组织管理、运营管理以及沼气沼肥农户使用模式及管理措施研究。

参考文献

白娜．2011．种植业有机废弃物厌氧发酵产气特性及动态工艺学研究［D］．北京：中国农业科学院．

白洁瑞，李轶冰，郭欧燕，等．2009．不同温度条件粪秆结构配比及尿素、纤维素酶对沼气产量的影响［J］．农业工程学报，25（2）：188-193．

白洁瑞，贺春强，王虎琴，等．2011．秸秆沼气集中供气工程温室气体减排效益分析［J］．农业工程技术，（6）：21-22．

毕于运．2010．秸秆资源评价与利用研究［D］．北京：中国农业科学院．

蔡梅，孙钊，郭倩倩，等．2011．规模化养殖场沼气工程温室气体减排选址优化模型研究［J］．可再生能源，（6）：134-137．

蔡松锋，黄德林．2011．我国农业源温室气体技术减排的影响评价——基于一般均衡模型的视角［J］．北京农业职业学院学报，（2）：24-29．

陈羚，赵立欣，董保成，等．2010．我国秸秆沼气工程发展现状与趋势［J］．可再生能源，（3）：145-148．

陈舜，逯非，王效科．2015．中国氮磷钾肥制造温室气体排放系数的估算［J］．生态学报，（19）：6371-6383．

陈豫，杨改河，冯永忠，等．2009．"三位一体"沼气生态模式区域适宜性评价指标体系［J］．农业工程学报，（3）：174-178．

陈绍晴，宋丹，杨谨，等．2012．户用沼气模式生命周期减排清单与环境效益分析［J］．中国人口．资源与环境，（8）：76-83．

程传玉．2011．浅谈清洁发展机制在水电项目建设中发挥的作用［J］．云南水力发电，（1）：128-130．

楚莉莉，田孝鑫，杨改河．2014．不同生物预处理对玉米秸秆厌氧发酵产气特性的影响［J］．东北农业大学学报，（4）：118-122．

崔文文，梁军锋，杜连柱，等．2013．中国规模化秸秆沼气工程现状及存在问题［J］．中国农学通报，（11）：121-125．

董红敏，李玉娥，朱志平，等．2009．农村户用沼气 CDM 项目温室气体减排潜力［J］．农业工程学报，24（11）：293-296．

董丽丽，王悦宇，韩松．2014．白腐菌预处理水稻秸秆产沼气的研究［J］．中国沼气，（6）：33-35．

杜静，陈广银，黄红英，等．2015．秸秆批式和半连续式发酵物料浓度对沼气产率的影响［J］．农业工程学报，（15）：201-207．

段茂盛，王革华．2003．畜禽养殖场沼气工程的温室气体减排效益及利用清洁发展机制（CDM）的影响分析［J］．太阳能学报，（3）：386-389．

樊婷婷，刘思颖，赵雪锋，等．2012．水稻与棉花秸秆不同预处理厌氧发酵产沼气［J］．环境工程学报，（7）：2461-2464．

甘福丁，伍琪，谢列先，等．2012．广西养殖场沼气工程节能减排效果分析［J］．现代农业科技，（22）：192-193．

高春雨，李铁林，王亚静，等．2010．中国秸秆气化集中供气工程发展现状·存在问题·对策［J］．安徽农业科学，（4）：2181-2183．

高春雨，王立刚，李虎，等．2011．区域尺度农田 N_2O 排放量估算研究进展［J］．中国农业科学，（2）：316-324．

国家气候变化对策协调小组办公室．2006．清华大学核能与新能源技术研究院．中国清洁发展机制项目开发指南［M］．北京：中国环境科学出版社．

国家发展和改革委员会，国家科学技术部，外交部，财政部．清洁发展机制项目运行管理办法［EB/OL］．http：//cdm.ccchina.gov.cn/WebSite/CDM/UpFile/File2859.pdf．

郭李萍，林而达．1999．减缓全球变暖与温室气体吸收汇研究进展［J］．地球科学进展，（4）：71-77．

郭欧燕，李轶冰，白洁瑞，等．温度对鸡粪与秸秆混合原料厌氧发酵产气特性的影响［J］．西北农林科技大学学报（自然科学版），37（6）：78-83．

郭悦娇．2011．高浓度有机废水处理项目的碳排放计算方法研究［D］．邯郸：河北工程大学．

韩芳，林聪．2014．畜禽养殖场沼气工程技术模式能值评价［J］．中国沼气，（1）：70-74．

韩捷，向欣，李想．2008．覆膜槽沼气规模化干法发酵技术与装备研究［J］．农业工程学报，24（10）：100-104．

韩梦龙，朱继英，张国康．2014．接种物种类对玉米秸秆沼气干发酵过程的影响［J］．环境科学学报，（10）：2586-2591．

韩娅新，张成明，陈雪兰，等．2016．不同农业有机废弃物产甲烷特性比较［J］．农业工程学报，（1）：258-264．

郝千婷，黄明祥，包刚．2011．碳排放核算方法概述与比较研究［J］．中国环境管理，（4）：51-55．

郝先荣.2011.中国沼气工程发展现状与展望［J］.中国牧业通讯，（12）：28-31.

贾悦.2015.石油企业温室气体排放清单编制方法和原则［J］.资源节约与环保，（4）：124.

蒋滔，李平，任桂英，等.2015.餐厨垃圾与玉米秸秆混合中温发酵产气效果模拟［J］.生态与农村环境学报，（1）：124-130.

靳红梅，常志州，马艳，等.2015.基于集约化农区种养结合的猪粪处理模式生命周期评价［J］.农业环境科学学报，（8）：1625-1632.

阚士亮，张培栋，孙荃，等.2015.大中型沼气工程生命周期能效评价［J］.可再生能源，（6）：908-914.

李宝玉，毕于运，高春雨，等.2010.我国农业大中型沼气工程发展现状、存在问题与对策措施［J］.中国农业资源与区划，（2）：57-61.

李布青，葛昕.2015.秸秆沼气工程设计若干问题的探讨［J］.安徽农业科学，（5）：354-357.

李刚，岳建芝，郭前辉.2011.秸秆沼气工程化对环境的影响及应对措施［J］.农业工程学报，（S1）：200-204.

李贵林，路学军，陈程.2012.物料衡算法在工业源污染物排放量核算中的应用探讨［J］.淮海工学院学报（自然科学版），（4）：66-69.

李想.2015.沼气集中供气运行实证分析与优化研究［D］.北京：中国农业大学.

李秀金.2010.山东省德州市秸秆沼气集中供气示范工程运行模式与管理经验［J］.农业工程技术，（4）：6-9.

李砚飞.2013.秸秆沼气工程技术探索与研究［J］.农业工程技术，（1）：20-23.

李轶，刘雨秋，张镇，等.2014.玉米秸秆与猪粪混合厌氧发酵产沼气工艺优化［J］.农业工程学报，（5）：185-192.

李玉娥，董红敏，万运帆，等.2009.规模化猪场沼气工程CDM项目的减排及经济效益分析［J］.农业环境科学学报，（12）：2580-2583.

联合国气候变化框架公约京都议定书［S］.https：//baike.baidu.com/item/京都议定书/761287？fr=aladdin&fromid=3257009&fromtitle=联合国气候变化框架公约京都议定书.

林而达，等.1998.全球气候变化和温室气体清单编制方法［M］.北京：气象出版社.

林妮娜，庞昌乐，陈理，等.2011.利用能值方法评价沼气工程性能——山东淄博案例分析［J］. 可再生能源，（3）：61-66.

刘德江，邱桃玉，饶晓娟，等. 2012. 小麦、玉米秸秆不同预处理产沼气试验研究［J］. 中国沼气，（3）：34-37.

刘德江，张晓宏，饶晓娟. 2015. 不同农作物秸秆干发酵产沼气对比试验［J］. 中国沼气，（4）：54-56.

刘弘博. 2013. CSTR 集中型沼气工程建设运行成本比较研究［D］. 重庆：西南大学.

刘黎娜，王效华. 2008. 沼气生态农业模式的生命周期评价［J］. 中国沼气，（2）：17-20.

刘尚余，骆志刚，赵黛青. 2006. 农村沼气工程温室气体减排分析［J］. 太阳能学报，（7）：652-655.

路辉，刘伟. 2009. 浅论秸秆沼气技术在社会主义新农村建设中的推广应用［J］. 农业环境与发展，（1）：39-41.

吕学都. 2000. 我国气候变化研究的主要进展［J］. 中国人口·资源与环境，（2）：35-38.

吕学都. 2010. 气候变化相关术语［J］. 中国科技术语，12（6）：58-62.

马放，张晓先，王立. 2015. 秸秆能源化工程原料运输半径经济和环境评价［J］. 哈尔滨工业大学学报，（8）：48-53.

马敬昆，蒋淑丽，蒋庆哲，等. 2010. 清洁发展机制在中国的发展分析［J］. 现代化工，30（2）：1-6.

马展. 2006. 养殖场甲烷回收利用清洁发展机制项目案例研究［D］. 北京：清华大学.

闵师界，邱坤，吴进，等. 2012. 新津县秸秆沼气工程经济效益分析［J］. 中国沼气，（6）：40-42.

闵惜琳，张启人. 2013. 社会经济绿色化低碳化信息化协调发展系统思考［J］. 科技管理研究，（9）：23-35.

潘根兴，高民，胡国华，等. 2011. 气候变化对中国农业生产的影响［J］. 农业环境科学学报，（9）：1698-1706.

庞云芝. 2010. 基于提高麦秸厌氧消化性能的碱预处理方法研究及工程应用［D］. 北京：北京化工大学.

彭洁. 2013. 城市污水污泥处置方式的温室气体排放比较分析［D］. 长沙：湖

南大学.

邱凌,刘芳,毕于运,等.2012.户用秸秆沼气技术现状与关键技术优化 [J].中国沼气,(6):52-55.

邱桃玉.2011.新疆沼气发酵及其综合利用技术研究 [D].杨凌:西北农林科技大学.

高春雨.2014.县域农田 N_2O 排放量估算及其减排碳贸易案例研究 [M].北京:农业科技出版社.

施洪涛.2014.碳排放约束下的供应链网络优化的研究 [D].上海:东华大学.

宋籽霖.2013.秸秆沼气厌氧发酵的预处理工艺优化及经济实用性分析 [D].杨凌:西北农林科技大学.

苏明山,何建坤,顾树华.2002.大中型沼气工程的 CO_2 减排量和减排成本的估计方法 [J].中国沼气,(1):26-28.

孙淼,王效华.2011.实例分析大中型沼气工程能源效益 [J].能源研究与利用,(4):45-47.

田芯.2008.大中型沼气工程的技术经济评价研究 [D].北京:北京化工大学.

王大蔚.2012.寒区沼气生物强化发酵关键技术研究 [D].北京:中国农业科学院.

王芳,吴厚凯,易维明.2016.热化学预处理玉米秸秆制备沼气发酵原料 [J].山东理工大学学报(自然科学版),(2):5-8.

王革华.1999.农村能源建设对减排 SO_2 和 CO_2 贡献分析方法 [J].农业工程学报,15(1):175-178.

王红彦,毕于运,王道龙,等.2014.秸秆沼气集中供气工程经济可行性实证与模拟分析 [J].中国沼气,(1):75-78.

王红彦,毕于运,王道龙,等.2014.生命周期能值分析法与生物质能源研究 [J].中国农业资源与区划,(2):11-17.

王红彦.2012.秸秆气化集中供气工程技术经济分析 [D].北京:中国农业科学院.

王健,赵玲,田萌萌,等.2014.组合碱预处理对玉米秸秆厌氧消化的影响 [J].太阳能学报,(12):2577-2581.

王明新,夏训峰,柴育红,等.2010.农村户用沼气工程生命周期节能减排效益 [J].农业工程学报,(11):245-250.

王俏丽 . 2015. 秸秆制沼气过程生命周期评价及其敏感性分析 [D]. 杭州：浙江大学 .

王微，林剑艺，崔胜辉，等 . 2010. 碳足迹分析方法研究综述 [J]. 环境科学与技术，(7)：71-77.

王亚静，毕于运，高春雨 . 2010. 中国秸秆资源可收集利用量及其可行性评价 [J]. 中国农业科学，43 (9)：1852-1859.

王永杰 . 2012. 农村户用水压式沼气池秸秆两相厌氧发酵及出料间沼气泄漏试验研究 [D]. 武汉：华中农业大学 .

温晴，熊小丽，李志艺，等 . 2011. 江苏省农业沼气项目规划环境影响评价指标体系研究 [J]. 中国沼气，(1)：40-43.

吴国林，张薪 . 2012. 秸秆沼气：破解农村能源困局的良方——河南省秸秆沼气资源开发可行性简析 [J]. 农村 . 农业 . 农民（B版），(2)：34-35.

吴楠 . 2013. 秸秆连续厌氧消化厢式装置及试验研究 [D]. 北京：中国农业科学院 .

武少菁，刘圣勇，王晓东，等 . 2008. 秸秆干发酵产沼气技术的概述和展望 [J]. 中国沼气，(4)：20-23.

熊霞 . 2015. 粉碎预处理对秸秆沼气发酵浮渣形成的影响研究 [D]. 北京：中国农业科学院 .

徐攀，田立，马宗虎，等 . 2013. 规模猪场沼气工程泄漏监测 [J]. 中国沼气，(4)：32-36，53.

徐泽敏，赵国明，牟莉 . 2014. 秸秆沼气工程湿法发酵工艺参数优化研究 [J]. 农机化研究，(11)：218-221.

杨谨，陈彬，刘耕源 . 2012. 基于能值的沼气农业生态系统可持续发展水平综合评价——以恭城县为例 [J]. 生态学报，(13)：4007-4016.

杨艳丽，李光全，张培栋 . 2013. 中国沼气产业对减排 CO_2 的模拟与预测 [J]. 农业工程学报，29 (15)：1-9.

衣瑞建，张万钦，周捷，等 . 2015. 基于 LCA 方法沼渣沼液生产利用过程的环境影响分析 [J]. 可再生能源，(2)：301-307.

殷志明，王一线 . 2010. 农村户用沼气池秸秆发酵原料进出料技术探究 [J]. 中国沼气，(5)：35-36.

于秀玲，白艳英，尹洁，等 . 2011. 企业清洁生产审核减排量核算方法的探讨 [J].

中国环境管理，（2）：26-29.

张博，刘庆玉，薛志平，等.2016. 一体化秸秆沼气发酵反应器设计 ［J］. 农机化研究，（2）：244-248.

张昌爱，刘英，黄萌，等.2010. 秸秆原料 C/N 比调节对沼气产气状况的影响 ［J］. 山东农业科学，（1）：67-70.

张成虎.2011. 畜禽生态养殖废弃物的利用及节能减排的措施 ［J］. 中国牧业通讯，（8）：59-61.

张铎，邱凌.2010. 高寒地区秸秆生物加热沼气池设计与研究 ［J］. 阳光能源，（3）：43-44.

张培栋，李新荣，杨艳丽，等.2008. 中国大中型沼气工程温室气体减排效益分析 ［J］. 农业工程学报，（9）：239-243.

张培栋，王刚.2005. 中国农村户用沼气工程建设对减排 CO_2、SO_2 的贡献——分析与预测 ［J］. 农业工程学报，21（12）：147-151.

张艳丽，任昌山，王爱华，等.2011. 基于 LCA 原理的国内典型沼气工程能效和经济评价 ［J］. 可再生能源，（2）：119-124.

张重，张苏，丁伟.2015. 秸秆沼气发酵工艺参数优化实验 ［J］. 农业与技术，（19）：8，9，11.

赵建宁，张贵龙，杨殿林.2011. 中国粮食作物秸秆焚烧释放碳量的估算 ［J］. 农业环境科学学报，（4）：812-816.

赵兰，冷云伟，任恒星，等.2010. 大型秸秆沼气集中供气工程生命周期评价 ［J］. 安徽农业科学，（34）：19462-19495.

赵立祥，郭轶杰.2010. 沼气工程 CDM 项目综合效益评价 ［J］. 中国市场，（22）：6-7.

赵玲，王聪，田萌萌，等.2015. 秸秆与畜禽粪便混合厌氧发酵产沼气特性研究 ［J］. 中国沼气，33（5）：32-37.

郑洁.2011. 美国温室气体清单编制机制研究 ［D］. 杭州：浙江工业大学.

中华人民共和国农业部.2012. NY/T 2142—2012 秸秆沼气工程工艺设计规范. 农业行业标准，03-01

中华人民共和国农业部.2011. NY/T 667—2011 沼气工程规模分类. 农业行业标准，09-01

中华人民共和国农业部编.2011—2015. 中国农业统计资料（2006—2014）. 中国

农业出版社.

中国气候变化国别研究组. 2000. 中国气候变化国别研究 [M]. 北京: 清华大学出版社.

周泓, 郭洪泽. 2013. 解读《温室气体自愿减排交易管理暂行办法》[J]. 中国环境管理, (4): 26-28.

周捷, 张万钦, 董仁杰, 等. 2012. 沼气发酵猪粪管理系统对温室气体排放的影响 [J]. 可再生能源, (8): 59-63.

朱洪光, 陈小华. 2006. 用沼气技术进行秸秆生物能转化的技术分析 [A]. 可再生能源规模化发展国际研讨会暨第三届泛长三角能源科技论坛论文集 (2006.11) [C]. 中国江苏南京: 5.

朱立志, 叶晗. 2013. 农村沼气工程的减排效应和成本效益分析 [A]. 2012 中国可持续发展论坛 2012 年专刊 (2013.1) [C]. 中国北京石景山区: 4.

朱立志, 赵鱼. 2012. 沼气的减排效果和农户采纳行为影响因素分析 [J]. 中国人口. 资源与环境, (4): 35-39.

卓德保, 蔡国庆. 2014. 基于碳足迹测度的我国纺织服装行业的转型研究 [J]. 中国经贸导刊, (29): 11-14.

Adeoti O, LloriM O, Oyebisi T O, et al. 2000. Engineering Design and Economic Evaluation of a Family-Sized Biogas Project in Nigeria [J]. Technovation, 20 (2): 103-108.

Blengini G. A. , Brizio E. , Cibrario M. , et al. 2011. LCA of bioenergy chains in Piedmont (Italy): A case study to support public decision makers towards sustainability [J]. Resources, Conservation and Recycling, (57): 36-47.

Börjesson Pål, Berglund Maria. 2006. Environmental systems analysis of biogas systems—Part I: Fuel-cycle emissions [J]. Biomass and Bioenergy, 30 (5): 469-485.

Bousková A, Dohányos M, Schmidt J E, et al. 2005. Strategies for changing temperature from mesophilic to thermophilic condition in anaerobic CSTR reactors treating sludge [J]. Water Research, 39 (8): 1481-1488.

Colin Jury, Enrico Benetto, Daniel Koster, et al. 2010. Life Cycle Assessment of biogas production by monofermentation of energy crops and injection into the natural gas grid [J]. Biomass and Bioenergy, (34): 54-66.

Cuetos M J, Fernandez C, Gomez X, et al. 2011. Anaerobic co-digestion of swine manure with energy crop residues [J]. Biotechnol Bioprocess Eng, (16): 1044-1052.

Ishikawa S., Hoshiba S., Hinata T., et al. 2006. Evaluation of a biogas plant from life cycle assessment (LCA) [J]. International Congress Series, (1293): 230-233.

Jim Penman, Dina Kruger, Ian Galbally, et al. 1996. IPCC national greenhouse fine practice guide and uncertainty [R]. Paris: Institute of the global environment strategic.

Lehtomǎki A, Huttrnen S, Rinrala J A. 2007. Laboratory investigations on co-digestion of energy crops and crop residues with cow manure for methane production: Effect of crop to manure ratio [J]. Resources Conservation & Recycling, 51 (3): 591-609.

Li X, Zhou B, Yuan H, et al. 2011. China biogas industry-challenges and future development [J]. Transactions of the Chinese Society of Agricultural Engineering, (27): 352-355.

Martina Poeschl, Shane Ward, Philip Owende. 2012. Environmental Impacts of Biogas Deployment-Part II: Life Cycle Inventory for Evalution of Production Process Emission to Air [J]. Journal of Cleaner Production, (24): 168-183. a

Martina Poeschl, Shane Ward, Philip Owende. 2012. Environmental Impacts of Biogas Deployment-Part II: Life Cycle Inventory for Evalution of Production Process Emission to Air [J]. Journal of Cleaner Production, (24): 183-201. b

Quintero, Castro L, Ortiz C, et al. 2012. Enhancement of starting up anaerobic digestion of lignocellulosic substrate: fique's bagasse as an example [J]. Bioresour Technol, (108): 8-13.

Solomon S. IPCC. 2007. Climate Change The Physical Science Basis [J]. American Geophysical Union, 9 (1): 123-124.

Suwannoppadol S, Ho G, Cord-Ruwisch R. 2011. Rapid start-up of thermophilic anaerobic digestion with the turf fraction of MSW as inoculum [J]. Bioresour Technol, 102 (17): 7762 -7767.

Wang M, Xia X, Chai Y, et al. 2010. Life cycle energy conservation and emissions reduction benefits of rural household biogas project [J]. Transactions of the Chinese Society of Agricultural Engineering, 26 (11): 245-250.

Wiedmann T, Minx J. 2008. A definition of "carbon footprint" [M]. Ecological Economics Research Trends, Pertsova C C, New York: Nova Science Publishers.

附　　　录

英文缩略表

英文缩写	英文全称	中文名称
CDM	Clean Development Mechanism	清洁发展机制
CERs	Certified Emission Reduction	核证减排量
EB	Executive Board	联合国清洁发展机制执行理事会
IPCC	Intergovernmental Panel on Climate Change	政府间气候变化专门委员会
LAC	Life Cycle Assessment	生命周期评价
UNEP	United Nations Environment Programme	联合国环境规划署
UNFCCC	United Nations Framework Convention on Climate Change	《联合国气候变化框架公约》
WMO	World Meteorological Organization	世界气象组织